ÉTUDE

sur la

FIÈVRE PUERPÉRALE ÉPIDÉMIQUE

et en particulier sur l'Épidémie qui a régné à Dunkerque

DU MOIS DE JUIN 1854 AU MOIS DE MARS 1855.

Imp. de MOQUET, r. de la Harpe 92.

ÉTUDE

SUR

LA FIEVRE PUERPÉRALE

ÉPIDÉMIQUE,

ET EN PARTICULIER

sur l'Épidémie qui a régné à Dunkerque,

du mois de juin 1854 au mois de mars 1855.

PAR

le Docteur ZANDYCK,

Ancien Chirurgien militaire, Médecin du Bureau de Bienfaisance,
Membre du Conseil d'Hygiène et de Salubrité, de la Société Impériale des Sciences,
Agriculture et Arts de Lille, etc.

Ars medica tota in observationibus.
(Saglini.)

(Insérée par extraits dans la REVUE MÉDICALE.)

PARIS,
CHEZ LABÉ, LIBRAIRE-ÉDITEUR,
LIBRAIRE DE LA FACULTÉ DE MÉDECINE DE PARIS,
PLACE DE L'ÉCOLE DE MÉDECINE.
1856

INTRODUCTION,

La fièvre puerpérale, qui s'attaque avec une fatale prédilection aux salles d'accouchements de la capitale, a sévi à Dunkerque de juin 1854 à mars 1855. Sauf quelques grands centres de population, elle n'avait visité, sous forme épidémique, qu'un très petit nombre de villes de l'intérieur. Dunkerque, de mémoire d'homme, toujours épargné, vient donc de payer son tribut ; heureusement le fléau paraît définitivement avoir abandonné la place.

La recherche des causes sous l'influence desquelles le mal s'est développé, l'examen des circonstances et des complications qui lui ont valu, un moment, une intensité rebelle à toute intervention médicale, sa période de décroissance, enfin, nous ont paru dignes d'étude et d'intérêt.

L'histoire d'une épidémie de ce genre a été assez difficile : d'abord les malades se trouvaient disséminées dans différents quartiers, puis, souvent, les médecins n'étaient appelés que lorsque le mal avait fait des progrès irremédiables.

Sans nous rebuter cependant, nous avons patiemment amassé de nombreux matériaux, mis à contribution l'obligeance de plusieurs de nos confrères dont les notes nous ont été extrêmement utiles; nous essayons aujourd'hui de déduire de ces éléments les rapports d'ana.

logie ou de dissemblance de notre épidémie avec celles dont les relations existent dans la science.... Loin de nous la prétention d'avoir résolu définitivement la question si ardue des affections puerpérales épidémiques. Notre but, plus modeste, sera rempli si l'esquisse, que nous allons présenter, peut devenir pour d'autres l'occasion d'études nouvelles, plus nombreuses, et intéressantes autant pour la science que pour l'humanité.

Pour faciliter l'intelligence de notre mémoire, nous indiquons d'avance les divisions suivantes : Premier chapitre, *statistique et mortalité*, afin de donner une idée de l'importance de l'épidémie et de ses résultats ; *les caractères des lésions révélées par l'anatomie pathologique* suivent immédiatement. Puis nous étudions d'une manière toute spéciale les *causes locales ou générales* qui paraissent avoir exercé une grande influence ; après l'exposé de la *symptomatologie, de la marche de la maladie et de ses complications*, nous nous arrêterons quelques instants au *diagnostic* et au *pronostic*.

Le chapitre des *moyens curatifs* nécessitera des détails multipliés ; nous les apprécierons avec soin.

Enfin nous terminerons sommairement par la question la plus épineuse, la plus difficile du problème, celle de *la nature de la fièvre puerpérale, et de sa détermination nosologique*.

Les observations intercalées ont été consciencieusement recueillies. Nous nous bornerons à en relater un certain nombre, celles qui nous restent étant analogues à la plupart de celles insérées dans le cours de ce travail.

ÉTUDE

SUR LA FIÈVRE PUERPÉRALE.

L'influence épidémique, sur la population, s'établit ainsi : En général, les accidents puerpéraux, même les plus légers, n'ont pas porté sur les accouchées de la classe riche. Par exception, six femmes, entourées de bonnes conditions hygiéniques, des aisances de la vie, ont succombé à des symptômes extrêmement graves.

La classe ouvrière, victimée depuis la fin de juin, peut être divisée en deux séries. La première série comprenant les femmes peu aisées, mais ayant un intérieur propre, a fourni beaucoup de malades, la majeure partie légèrement atteintes. La deuxième série, au contraire, appartenant aux familles nécessiteuses, chez lesquelles la malpropreté et les privations sont l'état normal, a été frappée parfois avec une intensité foudroyante.

Le premier cas de fièvre puerpérale a été constaté, le 25 juin 1854, rue de la Cunette 4, canton Est, chez la femme d'un charpentier accouchée le 22. Rien ne faisait présager que la malade devait succomber le 27.

Rue du Milieu 8, canton Ouest, une femme dont la grossesse a été entravée par des diarrhées fréquentes, accouche aussi le 22 juin. Le 23, elle commet plusieurs imprudences, et éprouve aussitôt des symptômes de péritonite puerpérale. — Elle meurt le 29. Enfin, dans le canton Est, rue St-Gilles 5, une accouchée du 24 juin, ressentit, dans la nuit du 3ᵐᵉ au 4ᵐᵉ jour de ses couches, un frisson suivi de fièvre intense. Le Dr Lemaire, médecin des épidémies, appelé chez cette malade, diagnostiqua une fièvre puerpérale. — Mort le 28.

Cette simultanéité de décès de même nature dans des quartiers différents de Dunkerque, chez des ouvriers, pouvait jusque là n'exprimer qu'une coïncidence fâcheuse, observée déjà en temps ordinaire.

Le 11 juillet, c'est-à-dire, treize jours après, la femme d'un voilier, rue de Hollande 25, position aisée, et vivant dans d'excellentes conditions hygiéniques, est atteinte ; elle meurt le 16.

Depuis ce moment, un grand nombre de nouvelles accouchées éprouvent des phénomènes puerpéraux d'une gravité insolite. Toutes celles qui n'ont eu que des accidents inflammatoires franchement accusés, guérissent ; presque toutes les autres, au contraire, chez lesquelles s'est dessinée la forme typhoïde, sont enlevées en peu de jours.

Au commencement d'août, l'administration hospitalière charge les sage-femmes du Bureau de Bienfaisance de diriger, autant que possible, les femmes en couches sur l'hospice, où elles seront l'objet de soins spéciaux. Quelques-unes sollicitent leur admission : bientôt deux succombent, l'une le 13, l'autre le 16 septembre.

La mort de la dernière coïncide avec la diminution sensible des malades et des décès signalés dans le tableau synoptique ci-dessous.

Le relevé suivant indique la marche de l'épidémie et le nombre des décès par mois, relativement à celui des accouchements pendant le même temps. On remarquera que, parmi les quarante et une accouchées affectées de la forme typhoïde, la plus grave, neuf ont guéri.

FEMMES MORTES D'AFFECTIONS PUERPÉRALES DEPUIS JANVIER 1854
JUSQU'AU 25 MARS 1855.

	Décès	Accouchements
Janvier 1854.	1	55
Février —	1	56
Mars —	»	80
Avril —	»	51
Mai —	»	74
Juin —	3	89

(Du 22 juin au premier juillet, 27 accouchements, soit un décès sur 9 accouments).

	Décès	Accouchements
Juillet —	4	85 — 1 sur 21
Août —	6	65 — 1 sur 10
Septemb. —	8	78 — 1 sur 9
Octobre —	1	81 — 1 sur 81
Novemb. —	3	64 — 1 sur 21
Décemb. —	»	82 »
Janvier 1855	3	61 — 1 sur 20
Février —	3	63 — 1 sur 21
Mars (25) —	1	54 — 1 sur 54

Du 22 juin 1854 au 25 mars 1855, les décès se sont élevés à 32, et les accouchements à 660, ce qui donne une moyenne de 1 sur 20, plus une légère fraction.

En 1851, 1 décès (affection puerpérale), 939 accouchements.

En 1852, 1	—	872	—
En 1853, 10	—	921	—

TABLEAU SYNOPTIQUE

DES FEMMES EN COUCHES MORTES A DUNKERQUE DU 27 JUIN 1854 AU 25 MARS 1855.

Numéro d'ordre	NOMS.	AGE.	PROFESSION.	Accouchements précédents	Durée du travail	Conditions hygiéniques.			DATE de l'accouchement.	DATE de la mort de la femme.	enfants morts depuis L'ACCOUCHEMENT.
						BONNES.	PASSABLES	MAUVAISES			
1	Delporte	23 ans	journalière	2	5 heures	—			22 juin 1854	27 juin 1854	enfant mort.
2	Faillie	31 »	»	4	4 »	—			24 juin	28 juin	enfant mort.
3	Garcia	30 »	»	3	4 »	—			22 juin	29 juin	enfant mort.
4	Brunin	23 »	femme d'un voilier	1	4 »		—		11 juillet	16 juillet	mort-né.
5	Jouvel	41 »	journalière	5	2 »	—			12 juillet	20 juillet	—
6	Ricquier	36 »	femme d'un armateur	6	2 »		—		27 juillet	29 juillet	enfant mort?
7	Devisscher	22 »	»	1	7 »	—			24 juillet	31 juillet	—
8	Gyzel	28 »	journalière	4	2 »	—			7 août	15 août	enfant mort.
9	Landas	31 »	»	1	4 »	—			19 août	24 août	—
10	Despiecth	31 »	»	6	10 »	—			21 août	25 août	—
11	Verschoot	38 »	femme d'un voilier	6	2 »		—		22 août	26 août	enfant mort.
12	Hubersen	36 »	journalière	4	2 »	—			24 août	28 août	enfant mort.
13	Barra	36 »	»	2	2 »	—			14 août	31 août	enfant mort.
14	David	38 »	»	8	12 »	—			28 août	4 septembre	enfant mort.
15	Neerinck	35 »	»	2	10 »	—			4 septembre	8 septembre	enfant mort.
16	Abeele	27 »	batelière	3	8 »	—			4 septembre	11 septembre	enfant mort.
17	Foubert	23 »	journalière	2	9 »	—			4 septembre	13 septembre	enfant mort.
18	Bateman	30 »	»	5	3 »	—			8 septembre	15 septembre	—
19	Rosé	27 »	»	3	5 »	—			10 septembre	15 septembre	enfant mort.
20	Dormail	34 »	»	6	8 »	—			4 septembre	16 septembre	enfant mort.
21	Vandamme	45 »	»	3	2 »	—			7 septembre	16 septembre	enfant mort.
22	Duchaussoy	42 »	»	8	5 »	—			8 octobre	12 octobre	—
23	Montae	36 »	»	»	4 »	—			22 octobre	1 novembre	—
24	Dount	26 »	»	3	6 »	—			23 octobre	1 novembre	—
25	Moraël	23 »	boulangère	»	4 »		—		10 novembre	22 novembre	—
26	Coolen	28 »	journalière	—	5 »	—			30 décembre	1 janvier 1855	—
27	Leroy	35 »	—	6	10 »	—			3 janvier 1855	5 janvier	mort-né.
28	Rose	26 »	—	4	1 1/2 »	—			28 janvier	30 janvier	enfant mort.
29	Lougvert	38 »	»	9	48 »		—		2 février	3 février	mort-né.
30	Demeuninck	39 »	boulangère	8	2 »	—			5 février	11 février	enfant mort.
31	Leroy	25 »	»	3	6 »	—			12 février	18 février	—
32	Delahaye	33 »	femme d'un huissier	5	3 »			—	18 mars	25 mars	—

ÉTUDE

10

Le relevé et le tableau qui précèdent font ressortir dans la marche de la fièvre puerpérale des oscillations marquées. Elle prélude par trois cas et trois décès qui apparaissent, pour ainsi dire, en même temps (les femmes étaient accouchées le 22 et le 24); l'augmentation des malades en juillet est sensible; mais le chiffre des décès ne dépasse guère celui de juin; nous n'en comptons qu'un seul en plus.

Nous avons six morts pendant le mois d'août; enfin le développement du mal et la mortalité pèsent sur le mois de septembre avec une violence terrible. Du 4 au 16 septembre huit malades meurent, et de tous côtés l'on constate chez grand nombre de nouvelles accouchées un état puerpéral anormal, accompagné le plus souvent de symptômes inflammatoires qui se prolongent deux, trois, quatre jours, et même plus. Du 16 septembre au 8 octobre, moins de malades, pas de mortalité. — Un décès a lieu le 12 octobre.

Nouvelle intermittence jusqu'au 1er novembre; deux décès ce même jour, puis enfin un autre le 22 du mois. Depuis cette époque, le calme semble renaître. — Décembre se présente assez bien, quoique nous constations encore çà et là de nombreuses suites de couches irrégulières.

Les premiers jours de janvier, au contraire, sont marqués par deux décès subits et dans des circonstances identiques aux précédentes.

Encore une intermittence jusqu'au 28 janvier, puis, recrudescence sensible et mortalité se succèdent à des époques rapprochées; enfin, calme à peu près complet.

Le 18 février, un décès isolé.

L'état normal revient progressivement, l'anxiété générale disparaît, et, le 25 mars 1855, une dernière victime vient terminer le nécrologe.

D'après notre relevé, il est facile d'établir la proportion suivante : Du 22 juin 1854 au 25 mars 1855, trente-deux femmes en couches, sur 660, ont succombé à la fièvre puerpérale de toutes formes, ce qui donne une moyenne de 1 sur 20, plus une légère fraction. Cette moyenne, pour une année exceptionnelle chez nous, n'est pas plus mauvaise que celle de l'hôpital des cliniques qui, aussi, n'a donné, en 1838, qu'un décès sur 20 accouchements et une fraction (1).

Au contraire, elle a été inférieure, même pendant la période la plus funeste, (puisqu'en septembre nous avons eu un décès sur huit accouchements) à celles des épidémies de Paris, 1843-1844. Ainsi, l'épidémie qui a sévi à la Maternité de septembre 1843 à février 1844, a fourni, d'après M. Alexis Moreau (2), 220 morts pour 1547 accouchements, ou 1 sur 7, plus une fraction.

Celle de l'Hôtel-Dieu, janvier, février et mars 1843, 45 accouchements—11 décès, ou 1 sur 4 et une fraction.

Hôtel-Dieu annexe : novembre et décembre 1843, 67 accouchements—14 décès, ou 1 sur 4 et une fraction.

Hôpital St-Louis : septembre, octobre et novembre 1844, 44 accouchements — 9 décès, ou 1 sur 4 et une fraction (3).

CARACTÈRES ANATOMIQUES.

Les maladies des nouvelle accouchées, désignées tour à tour sous les noms de dépôts laiteux, fièvre de couches putrides, adynamiques, ataxiques, survenues à la suite de la résorption des lochies, fièvre puerpérale, péritonite puerpérale, métro-péritonite puerpérale, etc., etc., ne se dessinent pas d'une manière assez uniforme, assez constante, pour qu'on puisse toujours rattacher les symptômes observés pendant la vie aux lésions constatées après la mort. De là cette série si nombreuse d'opinions divergentes, contradictoires, qui ont régné sur la nature des maladies puerpérales.

Sans remonter au delà du XVIIIᵉ siècle, nous voyons déjà

---

(1) Voillemier ; de la Fièvre puerpérale épidémique, etc., etc. — Journal des connaissances médico-chirurgicale. — Décembre 1839.

(2) A. Moreau. — Thèse inaugurale, 1844.

(3) Bidault et Arnoult. — Note sur une épidémie de fièvre puerpérale, etc., etc. Gazette médicale, tome 13, 1845.

Stoll formuler ainsi son opinion sur la fièvre puerpérale : *Hinc patet, male semper uteri, ejus appendicum intestinorum, mesenterii, omenti, peritonei inflammationem statui pro hujus febris caussa; neque ubique aut saburralem aut putridem esse.*

Malgré les travaux ultérieurs entrepris par White (1), Hulme (2), en Angleterre ; en Allemagne par des médecins les plus recommandables, et en France par Doulcet (3), Doublet (4), etc., etc. ; l'opinion médicale n'était pas suffisamment éclairée. La remarque, que, de toutes les lésions trouvées, celles du péritoine étaient les plus communes, frappa plus tard les observateurs ; dès lors, à l'étranger Hunter, Johnston, etc., etc., et chez nous Pinel, Gasc, etc., substituèrent à la dénomination de fièvre puerpérale, celle de péritonite puerpérale.

Après eux, MM. Tonnellé, Dance (5), Duplay (6), nous décrivent la métrite puerpérale, la phlébite utérine, la *lymphangite* utérine, et, quelques années après, M. Botrel (7) l'*angioleucite* utérine, parce qu'ils ont trouvé les lymphatiques de l'utérus, du bassin, et les autres vaisseaux remplis de pus. Mais une maladie qui donnait lieu à des altérations si variées, si diverses, si générales, reconnues après la mort, ne pouvait être

---

(1) White. — Avis aux femmes enceintes et en couches, etc. Traduit de l'anglais.

(2) Helme.— A treatise on the puerperal fiever, 1772.

(3) Doulcet. — Mémoire sur la maladie qui a attaqué en différents temps les femmes en couches à l'Hôtel-Dieu de Paris. — 1782.

(4) Doublet. — Mémoire sur la fièvre à laquelle on donne le nom de fièvre puerpérale. — 1789.

(5) Dance. — De la plébite utérine et de la phlébite en général, in Arch. génér. de médecine, tome XVIII. — 1828.

(6) Duplay. — De la présence du pus dans les vaisseaux lymphatiques de l'utérus à la suite de l'accouchement, in Arch. gén. de méd. tome X, 1836.

(7) Botrel.— Mémoire sur l'angioleucite utérine puerpérale, in Arch. gén. de méd., tome VII, 1845.

longtemps considérée comme locale ; on en revint à l'idée d'une affection *totius substantiæ,* et on reprit la dénomination primitive de *fièvre puerpérale* qui a l'avantage de représenter pour les uns toutes ces différentes affections, et pour les autres quelque chose de plus. Cette dernière opinion fut celle de MM. Tonnellé (1), Voillemier (2), Bourdon (3), Lasserre (4), P. Dubois (5), Bouchut (6), A. Moreau (7), Bidault et Arnoult (8), etc., etc. A notre point de vue, elle est d'autant plus logique, d'autant plus rationnelle, que les lésions anatomiques de la fièvre puerpérale varient selon les épidémies, selon la forme qu'elle affecte, et surtout selon les constitutions individuelles.

Pendant l'épidémie qui nous occupe, nous n'avons pu obtenir que deux ouvertures cadavériques.

La première autopsie a présenté les traces d'une péritonite puerpérale ; notre diagnostic a été confirmé.

La seconde nous a fait voir les lésions que laisse après elle une métro-péritonite reconnue aussi pendant la vie.

Observation 1re. —*Forme typhoïde.* —*Péritonite puerpérale intermittente. Mort.* — *Autopsie.*

Louise Landas, 51 ans, rue du Parc, 7, constitution usée par le besoin et la misère, a eu plusieurs fois la diarrhée pen-

---

(1) Tonnellé. — Des fièvres puerpérales observées à la Maternité de Paris, in Arch. gén. de méd. tome XXII, 1830.

(2) Voillemier,— ouv. cit.

(3) Bourdon.— Notice sur la fièvre puerpérale et sur ses différentes formes, in Rev. méd. 1841.

(4) Laserre.—Rech. clin. sur la fièv. puer.—Thèse de Paris 1842.

(5) P. Dubois. — Dictionnaire de médecine, — tome XXVI, — 1842.

(6) Bouchut.—Études sur la fièvre puerpérale. Gaz. méd. 1844.

(7) A. Moreau.— Ouv. cit.

(8) Bidault et Arnoult.— Ouv. cit.

dant sa grossesse, et surtout pendant les huit derniers jours.

Le 19 août elle accouche ; c'est le second enfant qu'elle met au monde. Accouchement facile et prompt comme le premier ; les lochies coulent convenablement, 19, 21 août. Pendant les deux premiers jours ni malaise, ni fièvre, ni douleurs abdomi- nales, ni émotions fâcheuses ; et cependant la nuit du 20 au 21 est mauvaise ; agitation, fièvre intense, la malade divague. A 9 h. du matin on nous fait chercher.

La diarrhée est arrêtée depuis la nuit. La fièvre a débuté par le frisson, qui s'est reproduit à plusieurs reprises ; elle est forte ; pouls à 115, petit, concentré ; facies exprimant la souf- france ; quelques vomissements ; douleurs abdominales pro · fondes, surtout dans la région iliaque droite ; peu de météo- risme. Les lochies ont cessé aussitôt l'apparition de la fièvre. La montée du lait est nulle.

25 sangsues *loco dolenti*, catap. laudan., tisane laxative.

8 h. *du soir*. Les sangsues ont beaucoup coulé, et ont amené peut-être de l'amélioration, selles fréquentes, mais peu abon- dantes. Moins de fièvre. Les vomissements persistent.

22. Le soulagement continue ; la nuit à été passable, sommeil difficile, mais cependant réparateur. Les symptômes graves de la veille paraissent s'être amendés ; pas de météorisme, la physio- nomie est calme ; le pouls se relève un peu, les lochies semblent reparaître, en un mot, nous croyons un instant à une erreur de diagnostie. La journée se passe bien.

23. Vers une heure du matin, la fièvre revient avec les dou- leurs abdominales du même côté, et, de plus, à la région hy- pogastrique. Nous voyons la malade à 8 h. Quel changement depuis la veille ! La péritonite typhoïde caractérisée se dessine de nouveau. Pouls petit, concentré, 120 pulsations. Face anxieuse, grippée, couverte de sueur ; lenteur dans les paroles ; stupeur générale. Langue brunâtre, sèche ; les vomissements se répètent, verdâtres et accompagnés de hoquet. Le ventre plus tendu est douloureux à la pression, surtout à droite. La palpation fait distinguer le corps volumineux de la matrice. Suppression nouvelle des lochies. Agitation intermittente. Pas de selles de-

puis le 21. 20 Sangsues sur le côté droit, catap. laud., potion opiacée. La tisane laxative ayant augmenté les douleurs abdominales, nous donnons quatre décigrammes de calomel en quatre doses.

7 h. du soir. Rémission des phénomènes graves du matin ; ensemble satisfaisant, sauf les lochies toujours supprimées. Continuation des catap. laud., potion avec un gramme de sulfate de quinine à prendre pendant la nuit.

24. Cette amélioration sensible ne devait pas être de longue durée. Après une nuit assez bonne, frisson violent pendant trois heures ; aussitôt douleurs abdominales avec exacerbation fébrile. Affaiblissement, prostration progressive, pouls petit, dépressible ; soubresauts de tendons ; le ventre se ballonne énormément ; parole entrecoupée ; la distension des intestins produit une anxiété pénible et une gêne de la respiration. Pas de vomissements, mais du hoquet. Plus d'espoir ! De larges onctions mercurielles sur le ventre sont ajoutées aux prescriptions de la veille.

11. h. du matin. Sueur visqueuse sur tout le corps, face pâle, terreuse, traits altérés, prostration profonde. Les douleurs abdominales ne sont plus perçues. Mort à 1 h. du soir.

Autopsie à 8 h. du soir, de concert avec MM. Lemaire et Dutoit. Le cerveau ni la poitrine n'ont été examinés.

Abdomen. Intestins fortement distendus par des gaz ; quelques portions du colon ouvertes n'ont laissé voir que de légères traces d'inflammation. Dans l'intestin grêle, nous n'apercevons aucune plaque folliculeuse enflammée ou très-développée. Quelques signes de phlegmasie peut-être plus caractérisés que dans le colon.

Les intestins baignent dans une grande quantité de pus opaque, jaunâtre, peu épais. Le péritoine n'offre pas de lésions aussi complètes que devait le faire croire la gravité de la maladie. Ainsi, il n'y a de coloration rose qu'à la partie antérieure de l'abdomen ; elle est plus accentuée, surtout vers la fosse iliaque droite, siège principal des douleurs. Les autres portions sont pâles, moins transparentes qu'à l'état sain ; mais elles n'ont subi aucune altération appréciable. Le péritoine uni à l'utérus est peu injecté, de légères arborisations seulement. Pas d'adhérence ni de débris de fausses membranes. L'utérus est dans les conditions d'un accouchement récent. Volume plus considérable que celui qu'il devrait avoir d'après le nombre de jours écoulés depuis les couches. La surface extérieure a une teinte marbrée. Les vaisseaux superficiels forment des arborisations nombreuses.

Son tissu incisé n'est nullement imprégné de pus ; à l'intérieur un peu de matière lochiale, sanieuse. Face interne de l'utérus grisâtre, mêlée de traces rougeâtres. Les tissus divisés exprimés entre les doigts, il en suinte un peu de sang liquide à la surface. Les vaisseaux sanguins ou lymphatiques n'offrent aucun vestige de phlegmasie, par conséquent, pas de pus. Les ligaments larges, les ovaires, sont intacts.

Les autres viscères de l'abdomen, à l'état normal, sont en contact de tous côtés avec une énorme quantité de pus.

Observation deuxième. — Forme typhoïde. — Métro-péritonite puerpérale. — Mort. — Autopsie. —

Marie David, âgée de 38 ans, rue de la Paix 3, constitution appauvrie par la misère, vivant cependant dans un état de propreté assez convenable, était enceinte pour la huitième fois, lorsque son mari partit pour la pêche d'Islande d'avril à septembre. Son dernier mois de grossesse fut extrêmement pénible : diarrhée presque continuelle pour laquelle elle ne réclama aucun avis.

Pour seul remède, de l'eau de riz.

Enfin, le 28 août, elle accouche très naturellement, assistée d'une sage-femme. Travail de deux heures seulement.

29. — La diarrhée persiste, l'écoulement des lochies est normal. — Eau de riz.

L'enfant est mis au sein.

30. — Rien de particulier.

31. — La diarrhée s'arrête, les lochies diminuent progressivement,

3 *heures du soir*. — Frisson le long de la colonne vertébrale et des membres inférieurs. — A six heures, il devient général. — A 9 heures, fièvre, douleurs à l'hypogastre, dans les fosses iliaques ; gonflement peu prononcé du ventre. — Sans avis, Marie D. prend une dose d'huile de ricin. — Quatre selles.

1ᵉʳ septembre. Nuit du 31 au 1ᵉʳ, mauvaise. — Forte fièvre, le ventre devient plus douloureux aux endroits indiqués. — Cat. émoll., orge. — Enfin vers cinq heures du soir, la garde, voyant la position s'aggraver, nous envoie chercher. — A huit heures nous constatons l'état suivant :

Fièvre intense, pouls à 120, petit, concentré, face à peine grippée ; mais les traits expriment une souffrance profonde ; parole difficile, perturbation de l'intelligence ; seins complètement vides ; ventre à peine météorisé, très sensible, surtout à la région hypogastrique et dans la région iliaque gauche ; matrice douloureuse, proéminente et développée ; nausées opiniâtres sans vomissements ; lochies arrêtées ; pas de selles depuis le 31. — 50 sangsues sur l'abdomen, aux régions douloureuses. — Cat., lav., laudan., tilleul.

2 septembre, 8 heures du matin. — Même état que la veille ; la nuit cependant a été assez calme ; pas de selles. — Onctions mercurielles, cat., laud., un gramme de calomel en 4 paquets.

6 *heures du soir*. Un peu de mieux. — Amendement notable de tous les symptômes ; mais le pouls conserve 120 pulsations au moins. — Deux heures de sommeil dans la journée. — La figure, quoique altérée et empreinte du cachet typhoïde, est un peu plus animée. — Matrice aussi développée qu'avant l'application des sangsues ; ballonnement du ventre presque nul. — Cinq selles abondantes, pas d'apparence de lochies. — Continuation des cataplasmes et des onctions mercurielles. — Tilleul.

3 septembre. — Très mauvaise nuit à partir de 2 heures du matin. — A 7 heures perte de connaissance ; yeux hagards, face grippée, nausées continuelles, suivies parfois de vomissements verdâtres ; hoquet, respiration difficile, laborieuse ;

pouls concentré, filiforme, à 115 ; douleurs abdominales très sensibles ; surtout à la région utérine. — 25 sangsues *loco dolenti*, cat. laud., lav. *idem*, tilleul.

7 *heures du soir*. Météorisme très prononcé ; froid des membres, pouls difficile à apprécier ; pas de selles pendant la journée ; état désespéré.

4 septembre. Mort à 1 heure du matin.

Autopsie à 6 heures du soir. — Le cerveau et le thorax n'ont pas été ouverts.

Abdomen.— Les anses abdominales distendues par des gaz présentent des traces d'inflammation disséminées.— Tout le paquet nage dans une quantité énorme (500 grammes au moins) de pus blanchâtre, trouble, comme albumineux, plus abondant dans les hypocondres, et entre les circonvolutions intestinales que dans l'excavation pelvienne.— Les intestins ouverts, en grande partie, offrent, çà et là, des vestiges d'une adynamie remarquable; ainsi les tissus des tuniques se laissent déchirer à la moindre traction.— Quelques follicules de Brunner et plaques de Peyer développées, rouges.— De loin en loin, vers l'estomac surtout, traces d'injection sous forme de bandelettes circulaires, muqueuse de l'estomac grisâtre, ramollie.

Le péritoine, dans certains endroits, à gauche par exemple, est injecté coloré en rouge, surtout sur les intestins ; dans d'autres parties il y a pâleur, décoloration, ou bien, il est comme marbré.

Pas d'apparence d'abcès dans la fosse iliaque ; ni adhérences, ni fausses membranes.

Une incision dans l'épaisseur des ligaments larges, laisse suinter du pus.— Altérations partielles, traces d'inflammation sur la portion du péritoine qui recouvre l'utérus. — Augmentation du volume de cet organe.— Son tissu est rouge, noirâtre, ramolli .— Coupé en deux morceaux, il laisse suinter du pus grisâtre qui sort par gouttelettes.— Il en suinte également des vaisseaux en comprimant les parois incisées.— Ce pus présente les mêmes conditions physiques que celui trouvé dans l'abdomen.

L'intérieur de l'utérus contient des matières sanguinolentes, infectes.— Les autres organes abdominaux paraissent intacts; mais ils nagent dans une abondante quantité de liquide purulent dont ils sont superficiellement imbibés.

Quoique incomplètes, ces deux autopsies nous permettent de raisonner par induction et de soupçonner ce que nous aurions pu trouver après la mort des autres victimes de l'épidémie.— Le péritoine, qui peut présenter toutes les nuances de l'inflammation, n'a été altéré que partiellement chez nos deux malades. La femme Landas a présenté des phénomènes morbides bien graves ; nous nous étions attendu à des désordres beaucoup plus généralisés; car les douleurs abdominales étaient étendues, profondes. Chez Marie David, au contraire, nous n'avons constaté de sensibilité qu'à la région hypogastrique, dans la fosse iliaque, et l'autopsie ne nous a démontré, en effet, que des traces de phlogose sur la portion du péritoine qui recouvre l'utérus, puis, un peu d'injection, à gauche, dans la région iliaque.

165 fois sur 222 ouvertures de corps faites à la suite de fièvres puerpérales, M. Tonnellé (1) a noté que les lésions de l'utérus et du péritoine se trouvaient diversement combinées; c'est assez dire que la fièvre puerpérale se présente sous la forme de métro-péritonite plus souvent que sous celle de péritonite isolée ou sans siége de lésions bien caractérisées.

Le docteur Dubreuilh de Bordeaux (2) a fait les mêmes remarques.— Cinq cas seulement ont été diagnostiqués ainsi pendant l'épidémie de Dunkerque : un seul a été prouvé par l'autopsie; c'est celui de l'observation deuxième. — Les douleurs hypogastriques sont indiquées chez Marie David comme un des phénomènes initiaux. Elles persistent pendant les diverses et courtes phases de la maladie; elles sont devenues tellement pénibles que la veille de la mort il a fallu renouveller l'application de sangsues.

---

(1) Tonnellé.— Ouv. cit. page 482.

(2) Dr Dubreuilh.— Mémoire couronné sur la fièvre puerpérale. 1848, page 17.

A l'autopsie, nous avons trouvé le tissu de la matrice rouge-noirâtre, ramolli, imprégné de pus ; à la moinde incision on le voit jaillir en une multitude de petites goutelettes ; il s'en trouve également dans les canaux veineux et lymphatiques. Les altérations du péritoine ont été celles indiquées plus haut.

A l'opposé de ces désordres dans la matrice, nous voyons cet organe chez la malade de la première observation ne présentant que de légers vestiges d'inflammation, sans pus, et ne contenant à l'intérieur qu'un peu de matière lochiale, sanieuse. Aussi, si, dans le cas de Marie David nous avons diagnostiqué une métro-péritonite, ici nous ne nous sommes arrêté qu'à la pensée d'une simple péritonite puerpérale.

Les deux sujets de notre examen nous ont montré le paquet intestinal baignant dans une énorme quantité de pus blanchâtre, trouble, albumineux. Il a dû en être ainsi chez la majeure partie de nos malades ; car, chez presque toutes, il y a eu ballonnement du ventre plus ou moins exagéré, et une fluctuation plus ou moins perceptible.

Les autres caractères anatomiques n'ayant pu être soupçonnés pendant la vie, nous ne les avons pas recherchés.

ETIOLOGIE.

INFLUENCE ATMOSPHÉRIQUE.

Depuis Hippocrate qui, le premier, a étudié l'action des circonstances météorologiques sur la production des maladies épidémiques, l'examen de l'influence atmosphérique a souvent donné des résultats si peu probants, si contradictoires même, qu'on a pu, à différentes époques, se croire autorisé à en faire bon marché, et même à en contester la valeur. Toutefois, d'après certains auteurs, la constitution atmosphérique ayant paru jouer, dans les affections puerpérales, par exemple, un rôle marqué, important, il est de notre devoir de nous y arrêter un instant, de l'analyser, et de nous assurer si, prise isolément ou réunie aux autres causes, elle a pu prédisposer, en 1854-1855, les femmes en couches à la fièvre puerpérale.

Un principe généralement adopté est que les variations fréquentes de température, les alternatives subites de chaleur et de froid de certains climats, l'humidité de l'air, ont eu une bonne part dans l'étiologie des épidémies, et peuvent avoir, quand celles-ci règnent déjà, des conséquences désastreuses.

Voyons quelle a été la météorologie de Dunkerque de juin 1854 à mars (inclus) 1855.

Juin. — Très variable. Les pluies, une humidité permanente, ont été les caractères dominants du mois. La quantité d'eau tombée a été énorme. Cette humidité constante a eu pour effet un abaissement de température.— Moyenne du thermomètre en 1854 = 13, 4 centigrades, tandis qu'en juin 1852 = 15, 5 centigrades, et juin 1853=15, 8 centigrades. Variations de la colonne barométrique fréquentes, mais graduelles.

Vers la fin de juin, la classe malheureuse fournit plusieurs cas de fièvre puerpérale. Trois femmes accouchées le 22 et le 24 sont enlevées les 27-28 et 29. Les renseignements pris près de nos confrères de la ville ne permettent pas encore de considérer ces affections simultanées comme le signe précurseur d'une épidémie.

Juillet. — Premiers quinze jours aussi mauvais, aussi pluvieux, aussi variables que le mois précédent. Depuis le 15, la température paraît être normale. Les oscillations du baromètre deviennent moins nombreuses. Humidité moindre qu'en juin. Rien de particulier pendant les onze premiers jours du mois, et néanmoins la constitution atmosphérique est la continuation de celle de juin, tandis qu'à partir du 11, nouveaux cas : ils se succèdent, se généralisent, affectent toutes les formes, tous les degrés des maladies puerpérales qui se substituent, pour ainsi dire, aux autres maladies. L'épidémie est constatée, et, chose bizarre ! le beau temps se dessine, la température est bonne, et l'humidité disparaît progressivement.

Août. — Peu d'humidité ; c'est encore au commencement du mois que la pluie a été la plus fréquente, bien qu'elle n'ait pas été continue.

Baromètre plus élevé qu'en juillet. Le thermomètre a indiqué une température un peu moins chaude qu'en août 1853.

Le beau temps se soutient, quoique par fois variable, et sous cette influence, le mal paraît se propager de plus en plus dans la classe ouvrière ; il prend le caractère de ces épidémies si souvent constatées dans les services d'accouchements de Paris. Les décès se multiplient. — Six femmes sont mortes en août ; il n'y a eu que 65 accouchements.

Septembre. — Baromètre fort élevé pendant tout le mois ; variations atmosphériques plus sensibles et plus réitérées que précédemment, bien qu'en somme, température plus chaude qu'en 1853. Grande sécheresse de l'air. — 13 moments de pluie (nuit et jour) seulement.

Du 1er au 16 septembre, la fièvre puerpérale sévit avec une intensité extrême. De tous côtés, symptômes plus ou moins alarmants accompagnant les suites de couches (même catégorie de malades). 8 décès en 16 jours, puis du calme, rémittence marquée ; ni morts, ni gravité dans la nature des accidents.

Octobre. — Pluies fréquentes. — Très grande humidité. — Abaissement de température — Moyenne inférieure à celle d'octobre 1853. — Variations très multipliées. Oscillations barométriques grandes et peu distantes les unes des autres. — Brouillards épais.

La maladie se réveille en même temps que les variations signalées, l'humidité exagérée, l'abaissement de température d'octobre ; cependant, nous n'avons eu qu'un seul décès le 12. Depuis ce moment, et malgré les mauvaises conditions météorologiques, rémittence nouvelle.

Novembre. — Le mois entier a été froid. — Relativement à octobre, la température a baissé de près de moitié. — En octobre 9,3 centigrades, en novembre 5, 7 centig. seulement.— Humidité presque constante, et, malgré cela, il est tombé moins d'eau en novembre qu'en octobre. Comme conséquence,

le ciel a été plus couvert pendant le dernier mois que pendant
le précédent. Le maximum du baromètre s'est maintenu à peu
près à la hauteur habituelle ; le minimum, au contraire, a été
très bas.

Les influences d'octobre persistent avec un abaissement de
température. Sous leur empire, çà et là encore quelques nouveaux cas ont été signalés. Deux femmes meurent le 1er novembre. Il n'était, pour ainsi dire, plus question de l'épidémie
lorsque la femme Moraël (n° 25 du tableau) succombe le 22
novembre. Depuis ce moment, peu d'affections puerpérales.—
Elles paraissent cesser avec le commencement de l'hiver, avec
le froid.

Décembre. — L'humidité a continué d'une manière plus
soutenue; mais la température a été plus élevée. Ainsi, la
moyenne du mois a été, en novembre, de+5, 7, tandis qu'en
décembre, elle a indiqué +5, 9.

Les oscillations barométriques ont peu varié ; les maximum et minimum n'ont rien présenté d'irrégulier. — Beaucoup
de pluie pendant tout le mois.

Cette humidité chaude, en décembre, si anormale, et de nature à avoir une influence funeste sur l'économie en général,
principalement chez les constitutions débilitées, n'a eu aucune
action sur les nouvelles accouchées.

Ainsi, non seulement le calme de la fin de novembre a persisté , mais nous n'avons pas eu de décès parmi les cas graves
de cette catégorie.

Janvier, février, mars 1855.—Après un commencement d'hiver beaucoup plus tempéré que d'ordinaire, la première gelée
a été constatée dans la nuit du 10 au 11 janvier (—3,8).—Pendant toute la journée du 11, elle s'est maintenue, moins forte
cependant à midi et vers le soir; elle a repris avec plus d'intensité dans la nuit du 11 au 12. Jusqu'au 16, temps doux, mais
des vapeurs stagnantes se sont fréquemment constituées en
brouillards, ou précipitées en pluie et même en forte neige le
16 depuis 11 heures et demie du matin, de sorte que le ciel a été
presque constamment couvert.

Du 16 jusqu'à la fin du mois il n'y a pas eu de dégel.—
Quelques instants seulement le 26, le thermomètre s'est élevé
à +5°, tandis que tous les autres jours le froid a été continu; il
a même été si violent que, dans la nuit du 20 au 21, le thermo-
tre s'est abaissé à 14, 1 centig. au dessous de zéro.

Le baromètre s'est maintenu, en janvier, à une assez grande
élévation, son minimum n'a été observé que vers la fin du
mois.

Pendant la première quinzaine de février, le baromètre a
été généralement bas; il y a eu peu de variations.

Le froid a persisté très fort pendant les deux premiers jours
du mois, puis, du 3 au 7, humidité extrême, de la pluie, des
brouillards épais. Enfin, la gelée a recommencé dans la nuit
du 7 au 8; elle a été progressivement plus intense, puis stationnaire jusqu'au 22 au matin. Depuis ce jour, le dégel s'est
opéré lentement; il est devenu plus complet au fur et à mesure
que les vents ont soufflé de l'ouest et nous ont amené de la
pluie.

En février, le thermomètre au *minimum* est descendu le 1er à
14 degrés au-dessous de zéro ; plusieurs fois il a atteint 10, 11,
12 degrés de froid. Le thermomètre au *maximum* n'a pas dépassé
pendant tout le temps de la gelée 5,5 centig. au-dessus de zéro;
encore ce maximum a-t-il été de courte durée.

Le froid, en mars, a été insignifiant ; une seule nuit (du 10
au 11), nous avons eu 4 degrés au-dessous de zéro, tandis que
le maximum a été + 12° le 17, vers une heure et demie du
soir.

Pendant les trois mois, il a souvent neigé, et la quantité de
neige tombée a été énorme.

Les premiers jours de janvier 1855 sont marqués, avons-
nous dit plus haut, par deux décès prompts, et dans des circonstances identiques aux précédentes. En même temps, on
constate sur d'autres points de la ville des suites de couches
sérieuses, inquiétantes. Tout s'apaise, et jusqu'au 28 janvier
l'intermittence est manifeste.

Le mois de février ne ressemble en rien à janvier : cas nom-

breux, à la vérité, mais constitués par des symptômes inflammatoires facilement combattus. Des trois décès constatés, le
dernier est isolé ; l'accouchée habitait une extrémité de la ville,
celle par laquelle passent, chaque jour, les convois funèbres.
Bref, la constitution pathologique ou plutôt puerpérale ne nous
a plus tourmentés en mars ; plus de fièvre puerpérale. La malade, décédée le 25, a succombé à la suite d'imprudences réitérées, commises les premiers jours qui ont suivi sa délivrance.

De cet examen rétrospectif nous ne pouvons conclure réel-
lement à aucune influence générale. Jointe à d'autres conditions hygiéniques, individuelles, etc., l'action météorologique
se dessinera peut-être plus tard.

Avant d'aller plus loin, nous devons mentionner ici que nous
adoptons l'opinion de MM. White, Voillemier, sur les influences
atmosphériques. Pour ces observateurs, ce n'est ni la saison
froide, ni la saison chaude qui, *à priori*, prédisposent à la fièvre puerpérale, mais les variations brusques de température,
l'exposition au froid, à un courant d'air, *immédiatement après
l'accouchement*.

De toutes les épidémies dont nous avons étudié la marche,
le développement, une seule, à part la saison, a quelques points
de ressemblance avec la nôtre, quant au rôle qu'ont paru jouer
la constitution atmosphérique, ses variations nombreuses, prononcées, c'est celle qui régna à la Maternité de Lyon en 1845-46.

Dans sa thèse inaugurale, le Dʳ Vernay, de Lyon, s'exprime à
peu près ainsi : La maladie éclata à la fin de 1845 ; le temps
était alors constamment humide et pluvieux, et les variations
atmosphériques étaient nombreuses et prononcées. Dans la
première quinzaine de janvier, le vent du nord souffla; un
beau temps soutenu, avec une température de 5 à 6 degrés
au-dessous de zéro s'établit; l'épidémie cessa: mais à la fin
de janvier, le vent du sud ayant ramené une température tiède,
l'humidité et la pluie, l'épidémie reparut. Enfin elle se suspen-
dit de nouveau au commencement de février, puis se réveilla
vers la fin, et ce fut encore sous l'influence des mêmes variations atmosphériques.

CONSTITUTION MÉDICALE.

Lorsqu'apparurent les premiers cas de fièvre puerpérale, vers le 25 juin 1854, les irritations gastriques prédominaient, et malgré l'humidité constante, peu d'affections intestinales : quelques diarrhées existaient ; mais elles n'étaient ni communes ni rebelles. Il en a été de même des décès.

En juillet, les dérangements gastriques ont continué et paraissaient vouloir se multiplier davantage. Bien qu'il n'y ait pas eu, jusqu'alors, de caractère épidémique, évidemment il régnait en ville un élément affaiblissant agissant principalement sur les organes digestifs, et plus général qu'autrefois pendant la saison analogue. Le cachet de ces irritations gastriques était la langue plus ou moins chargée, des digestions moins énergiques, des pesanteurs à l'estomac, une lassitude générale, la tête lourde. Ce degré d'indisposition n'était pas toujours accompagné d'envies de vomir.

Le chiffre de nos fièvres typhoïdes n'a guère dépassé celui de juin ; mais les décès ont été plus nombreux. Ainsi, les décès se sont élevés à 9, et la mortalité du mois n'a pas dépassé 60. La proportion est grande.

Pendant le mois de juillet, les affections puerpérales de toutes formes dont ont souffert les femmes en couches, sont devenues assez nombreuses pour éveiller les craintes des médecins. En ce moment, (seule circonstance qui permettait d'établir une relation avec la constitution médicale d'alors), toutes les femmes qui ont eu des suites plus longues, plus irrégulières que celles de leurs accouchements précédents, avaient éprouvé ces dérangements gastriques, cette diarrhée mentionnée plus haut, et d'une manière plus ou moins continue.

En juin et juillet, quand cette diarrhée persistait dans le cours de la fièvre typhoïde, elle était le prélude d'une terminaison funeste. Nous l'avons retrouvée aussi dans les formes graves de la fièvre puerpérale avec cette différence que, si elle existait avant l'accouchement, pendant les premiers jours qui suivirent, elle s'arrêtait presque subitement lors de l'apparition des symptômes caractérisés de la fièvre puerpérale ; elle no reparaissait quelquefois ensuite que dans la période ultime du mal, lorsque l'adynamie se dessinait davantage.

En août, le nombre des malades a été plus considérable que pendant les deux mois précédents, Quelques uns ont éprouvé des vertiges, de la pléthore ; plusieurs ont été affectés d'apoplexie. — Très peu de maladies des voies respiratoires ; les rhumatismes n'ont pas augmenté; mais, en-revanche, beaucoup d'affections gastro-intestinales, des diarrhées, des cholérines. — Les maladies puerpérales ont aussi progressivement augmenté.

Les fièvres typhoïdes ont diminué quant au nombre de malades et à la mortalité. Cette décroissance est en raison inverse de l'augmentation des cas de fièvres puerpérales. En indiquant cette décroissance, nous ne devons pas omettre toutefois que nos femmes les plus sérieusement atteintes, la majeure partie de celles qui ont succombé, ont toujours, et sans exception, présenté un ensemble adynamique, reflet de la manifestation typhoïde, pour ainsi dire endémique à Dunkerque, et se révélant d'une manière plus intense, chaque année, pendant l'été.

En septembre, beaucoup de fièvres puerpérales de tous types, et beaucoup de décès pendant les seize premiers jours, puis, intermittence remarquable dans les cas graves. Les affections intestinales ont aussi été extrêmement multipliées. Les embarras gastriques, les diarrhées, les dyssenteries, les cholérines se propageaient partout, prenaient de la gravité, et nos observations météorologiques journalières ne nous expliquaient nullement la cause de cette intensité dans la succession de ces maladies. Au contraire, les éléments atmosphériques semblaient ne point devoir favoriser un développement aussi sensible. Cette année, aucun miasme, aucune influence physique particulière ne sont venus troubler l'organisme ; aussi, pour expliquer la violence de nos irritations intestinales, devons-nous recourir aux effets de la misère, de la disette publique, de la mauvaise qualité des denrées de première nécessité affectées quotidiennement à l'ouvrier.

En octobre et novembre, les embarras gastriques, les diarrhées, les fièvres typhoïdes ont repris leur caractère habituel ; il en est de même de la mortalité par cette dernière affection.

Un seul décès parmi les nouvelles accouchées, le 12 octobre. Depuis ce jour jusqu'au premier novembre, intermittence constatée et bientôt remarquable pour les accidents inflammatoires légers, consécutifs aux accouchements, pendant les progrès de l'épidémie. En novembre, trois décès, puis aucun jusqu'au premier janvier 1855. Du reste, en décembre, rien de saillant dans la constitution médicale : le chiffre des bronchites, des pneumonies, l'a emporté sur les affections du tube digestif. Pas plus de fièvre typhoïde que pendant les derniers mois.

Beaucoup de bronchites, en janvier, compliquées d'embarras gastriques, et un grand nombre d'affections de poitrine très intenses, conséquence du froid extraordinaire, mentionné plus haut.

Les maladies exanthématiques qui ne surviennent d'ordinaire qu'au printemps, apparaissent déjà.

Le nombre des fièvres typhoïdes n'a pas été supérieur à celui du dernier trimestre de 1854 ; il en est de même de celui des décès.

Pendant le mois de février, les maladies sont peut-être moins multipliées, mais semblent avoir été plus meurtrières. Ainsi, beaucoup de pneumonies, broncho-pneumonies et de pleuro-pneumonies surtout. Grande fréquence des affections rhumatismales ; continuation des cas de variole, rougeole et scarlatine, etc., etc.

Malgré le froid, les fièvres typhoïdes sévissent assez fort ; nous avons compté cinq décès sur le chiffre total de la mortalité, 77.

Les suites de couches se distinguent surtout par des symptômes inflammatoires. Bien moins multipliées qu'en 1854, elles sont encore plus nombreuses que d'habitude. Enfin, en mars, la température s'adoucit, et les affections des mois derniers diminuent en raison directe, quoiqu'il y ait beaucoup de malades ; surtout des embarras gastriques. Grand nombre de maladies exanthématiques, de rougeoles surtout. Des varioles spécialement chez les militaires de la garnison.

Si les fièvres typhoïdes n'ont pas augmenté, elles ont fourni cinq décès sur 70, chiffre total jusqu'au 25 mars, époque à laquelle ont cessé complètement les affections puerpérales.

Il résulte de l'analyse statistique et comparative qui précède que l'évolution pathologique, durant cette partie des années 1854-1855, a parcouru à peu près ses phases ordinaires, et, qu'à côté de la fièvre puerpérale, les seules maladies régnantes habituellement, qui aient offert de l'intensité, ont été la fièvre typhoïde, la diarrhée, les exanthèmes. La rougeole, par exemple, a paru en septembre 1854 se localiser momentanément dans la basse ville, quartier de Dunkerque le plus populeux, le plus maltraité par la misère et son cortége habituel.

Toutes ces phlegmasies ont été marquées par une notable diminution des forces, la petitesse, la dépressibilité du pouls, la tendance au refroidissement des membres, la faiblesse et l'inertie des sujets.

Très souvent nous avons retrouvé cette prostration des forces chez nos jeunes malades : elle était compliquée de troubles de l'innervation, de phénomènes fébriles, tantôt intermittents, tantôt rémittents, et quand elle ne cédait pas, survenait la forme typhoïde, principalement adynamique. Les rares malades qui ont guéri ont eu une convalescence des plus lentes.

Il appert, en un mot, que si notre fièvre puerpérale ne s'est pas développée sous l'influence immédiate de telles ou telles combinaisons morbides, elle a eu, en 1854-1855, avec les manifestations signalées plus haut une connexion intime, incontestable.

ALIMENTATION INSUFFISANTE. — RÉGIME.

Jamais l'alimentation insuffisante, la débilité et l'anémie produites par les privations de la misère, n'ont autant d'action qu'au moment des épidémies, bien que souvent le fléau n'ait pas besoin de cette intervention, et se déclare, en quelque sorte, d'une manière spontanée.

Il est reconnu que la femme a peu de puissance digestive,

qu'elle exige peu de nourriture, et une nourriture peu anima-
lisée. Si cependant elle est soumise à une abstinence, ou du
moins à une mauvaise alimentation, à une alimentation insuffisante, sa susceptibilité nerveuse s'amortit, et dans un grand
nombre de cas, elle peut s'accroître. Vers l'époque de sa
nubilité, son régime est-il débilitant ? L'effort hémorrhagique
normal peut être supprimé ou accru outre mesure, et un état
chlorotique vient miner, délabrer cette constitution affaiblie
progressivement.

Si, enfin, la grossesse n'oblige guère à modifier le régime
alimentaire des femmes, il est toutefois indispensable qu'en
raison des troubles qui peuvent survenir, pendant ces diverses
phases, elles puissent ingérer, sans malaise, des aliments légers, facilement réparateurs. Ces précautions hygiéniques ne
peuvent-elles être observées, vous les voyez se décolorer,
maigrir, et des troubles dynamiques, en rapport avec l'anémie,
se manifestent, viennent contrarier l'accroissement du produit
nouveau qui vit en elles et à leurs dépens.

Cet épuisement, produit par une alimentation insuffisante
ou de mauvaise nature, avait été déjà indiqué par Sydenham
comme une prédisposition très fâcheuse. « *Pauperiores, hinc*
« *parcè malèque pastæ vel et aliæ ex causâ quâcumque ante-*
« *cedente debilitatæ, febrim pituotosam, longam, miliarem*
« *in pauperio sæpius experiuntur.* »

Dans son mémoire sur la fièvre puerpérale de l'hôpital des
Cliniques, M. Voillemier a constaté des résultats confirmant
pleinement l'opinion de Sydenham. Le Dr Lasserre (1), *dans
sa thèse*, a consigné des effets aussi prononcés. Tous les auteurs,
enfin, qui ont écrit sur la matière considèrent cet épuisement
comme une des prédispositions les plus compromettantes.

Un coup d'œil rétrospectif parmi les malades de notre tableau justifie cette opinion. Les femmes Garcia n° 3, Janvel n° 5,
Gyzel n° 8, Landas n° 9, Dispiecth n° 10, David n° 14, Nee-

---

(1) Laserre, Ouv, cité, p. 16.

rinck n° 15, Abeele n° 16, Foubert n° 17, Bateman n° 18, Rosé
n° 19, Dormail n° 20, Vandamme n° 21, Montac n° 23, Donnt
n° 24, Coolen n° 26, appartiennent à cette classe de malheureux en proie chaque jour aux privations de toute nature, s'affaiblissant peu à peu sous l'influence d'une nourriture composée de pommes de terre altérées, de choux, de carottes, etc.,
etc., et quelques fragments de pain noir, dur et de mauvaise
qualité ; jamais de viande. Les familles Garcia, Landas, David,
Neerinck, Foubert, Rosé, Dormail, Vandamme, Montac entre
autres, ne pouvaient même pas se procurer tous les jours
quelques-uns de ces aliments grossiers.

Les effets de ce régime végétal, continué longtemps, avaient
pendant et avant la grossesse éveillé ces lésions si diverses des
viscères abdominaux, signalées déjà à plusieurs reprises.

Dans ces conditions, les suites de couches ne devaient-elles
pas être celles constatées de juin 1854 à mars 1855, et ce
qu'elles pourront être encore, d'une manière plus ou moins
marquée néanmoins, pendant le temps que durera cette disette dont tout le monde souffre !!...

En 1851, la fièvre puerpérale n'a fait qu'une victime. Un autre
décès a été constaté en 1852. En 1853, il y en a eu dix, chiffre énorme quant aux années précédentes. Mais, en 1853 déjà
la disette, la cherté des vivres, la crise alimentaire se faisaient
sentir, et probablement cette mortalité anormale parmi les
femmes en couches, quoique n'ayant encore aucun caractère
épidémique, avait les mêmes causes qu'en 1854-1855.

En un mot, l'alimentation insuffisante et ses conséquences
ont été la raison d'être de cette épidémie puerpérale ; et ce
qui tendrait à prouver encore notre assertion, c'est la rareté,
sinon l'absence de la maladie, dans la classe aisée et moyenne.

CONSTITUTION INDIVIDUELLE.

Presque toutes les femmes de notre statistique avaient été
primitivement assez bien constituées, quoique à système mus-
culaire peu développé. Mais la constitution de beaucoup d'entr'elles était détériorée, au moment de leurs couches, par des maladies antérieures, par des accouchements nombreux, et surtout

par l'insuffisance ou l'altération des modificateurs hygiéniques.

La plupart des maris, marins au service de l'État, ou ouvriers sans travail, ne pouvant fournir le nécessaire au ménage, leur famille, leur femme vivaient dans les conditions d'insalubrité domiciliaire et d'alimentation que nous venons d'étudier. Plusieurs étaient même réduites à implorer la charité publique.

Assurément ces nouvelles accouchées ne pouvaient opposer aux maladies, aux affections puerpérales surtout, que très peu de résistance. Bien plus, cette diminution des actions organiques favorisait chez elles l'aptitude à contracter le mal, et préparait l'état adynamique.

Tous les auteurs en conviennent, la fièvre puerpérale dont sont affectées les femmes faibles est plus grave que celle qui atteint les femmes à constitution forte ou moyenne.

« La fièvre puerpérale spontanée (typhoïde), disent MM. « Monneret et Fleury, est en raison inverse, et la forme secon- « daire (inflammatoire) en raison directe de la force de la « constitution. »

L'observation suivante va nous fournir un exemple caractérisé d'une santé minée par une affection morbide antérieure.

Observation troisième. Forme typhoïde, métro-péritonite puerpérale. Mort.

Caroline L., 38 ans, neuf accouchements, quatre fausses couches, tempérament lymphatico-nerveux, constitution très maladive. Les suites des couches précédentes ont été normales. En 1853, fausse couche de trois mois. Sept jours après, symptômes de métrite aiguë par suite de la rétention d'une portion de placenta. Au bout de quinze jours de maladie, amélioration telle que Mme L. se croit guérie. Elle fait des imprudences, et peu à peu l'affection devient chronique. Un sentiment de pudeur ridicule l'empêche de mander un médecin. Enfin, le mal fait des progrès, et elle nous consulte. Au toucher, parties chaudes, douloureuses, gonflées ; tuméfaction du col ; de légères ulcérations ou plutôt excoriations. Prurit insupportable, écoulement sanieux, purulent, etc., etc.

Cette métrite s'est prolongée pendant quatre mois.

D'abord, sangsues à l'hypogastre à plusieurs reprises, puis bains, injections, lavements émollients et narcotiques. Excoriations du col touchées avec le nitrate d'argent. Repos. Régime.

Depuis quelque temps le mieux se soutenait, les règles étaient revenues, l'embonpoint devenait aussi plus sensible, lorsque surgirent des symptômes de grossesse. La métrite chronique reparaît et se manifeste surtout par la leucorrhée; à l'inspection avec le spéculum, pas la moindre altération du col.

Bref, parvenue au cinquième mois, son état de malaise persiste. Malgré les recommandations les plus expresses de prendre du repos, des bains, etc., elle se néglige.

Jusqu'à la fin, grossesse très pénible, pas d'appétit, dégoût même pour beaucoup d'aliments.

Vers le 15 janvier 1855, bronchite très aiguë, quintes fréquentes ; insomnies. — 50 janvier. Après une nuit mauvaise, anxieuse, à la suite de quintes réitérées et sans expectoration, rupture des membranes.

Écoulement d'une grande quantité de liquide, pas la moindre apparence de travail. — Les mouvements de l'enfant sont très perceptibles. — Fatigue extrême.

51 janvier. — Même état. — De temps à autre expulsion d'un liquide trouble ; parfois mauvaise odeur. — Pas d'appétit. — Insomnie.

1er février. — Rien de nouveau. — Aucune apparence de travail. — Écoulement vaginal abondant. — Moral très affecté, crainte de mourir.

2 février. — Nuit mauvaise. — Envies de vomir. — Douleurs peu prononcées, le toucher ne permet pas encore de sentir l'enfant. Fatigue extrême. A 8 heures du soir, un grand bain. A 8 heures un quart, commencement du travail; il se dessine si franchement, qu'à 9 heures Mme L., craignant d'accoucher, veut se remettre au lit. Le travail continue activement; la tête arrive dans l'excavation, puis à 10 heures et demie suspension brusque des douleurs.

De temps à autre, évacuation d'un liquide infect. (Pronostic grave.) Aucun excitant ne peut réveiller les douleurs, ni vaincre l'inertie de la matrice.

A 1 heure du matin, ventre ballonné, douloureux ; *frisson qui dure une demi heure malgré la température élevée de l'appartement.*

Nous nous décidons à terminer l'accouchement. M. Thélu est appelé en consultation. Application du forceps avec la plus grande facilité. Extraction d'un enfant mort qui, du reste, n'avait donné aucun signe de vie depuis le 1er au soir. Une demi heure après, suppression des lochies ; douleurs épigastriques ; vomissements fréquents. Pot. antisp.—Foment. opiac. sur l'abdomen et l'épigastre.

Toute la journée du 2, prostration très marquée. Pouls misérable ; frissons répétés ; les vomissements continuent. Pas de selles. Deux lavements purgatifs sans résultats. Vers 4 heures du soir, symptômes de métro-péritonite prononcés. Absence complète des lochies. Nausées, rougeur de la face, réaction fébrile. Emoll. opiac. sur l'abdomen.

10 heures du soir. Décomposition des traits, alternative d'agitation et d'abattement ; délire fugace ; météorisme du ventre ; volume énorme de la matrice. Ni urine ni matières fécales. Froid des extrémités ; sueurs visqueuses. La prostration augmente. Odeur infecte s'exhalant des parties génitales.

Perte de connaissance le 3 février à 2 heures du matin. Mort à 6 heures et demie.

AGE.

L'âge des 32 femmes de notre tableau se répartit ainsi :

22 ans.	—	1 cas		34 ans	—	1 cas
23 »	—	4 »		35 »	—	2 »
25 »	—	1 »		36 »	—	4 »
26 »	—	2 »		38 »	—	3 »
27 »	—	2 »		39 »	—	1 »
28 »	—	2 »		41 »	—	1 »
30 »	—	2 »		42 »	—	1 »
31 »	—	3 »		45 »	—	1 »
33 »	—	1 »			TOTAL :	32

Celui des neuf qui ont guéri a été :

25	ans	—	1	càs
32	»	—	2	»
35	»	—	1	»
36	»	—	2	»
37	»	—	1	»
40	»	—	1	»
45	»	—	1	»

TOTAL : 9

Bien que l'influence de l'âge, comme cause prédisposante de la fièvre puerpérale, soit nulle, en général, (on le comprend), il semblerait que la période de 37 à 45 ans ait fourni une chance de préservation. Si, à domicile, nous n'avons pu rechercher celui de toutes les malades en traitement, nous avons, au moins, constaté l'âge des femmes qui ont succombé et des neuf cas graves suivis de guérison.

D'après ce que nous venons de dire, il paraîtrait, au premier aperçu, que les atteintes les plus violentes du mal ont porté particulièrement sur les accouchées de 22 à 36 ans, c'est-à-dire, sur cette période de la vie qui correspond à la plus grande activité, à la plus grande force. Si donc cet âge avait, en général, correspondu à une vigoureuse constitution, nous n'eussions dû observer chez nos femmes de 22 à 36 ans que la forme secondaire (inflammatoire) de la fièvre puerpérale, d'après MM. Monneret et Fleury ; mais s'il n'en a pas été ainsi, il faut accuser les positions déplorables dans lesquelles se sont trouvées nos malades.

INFLUENCE MORALE.

En 1840, le Dr Th. Helm (1) écrivait cette phrase pleine de justesse et prouvée par chaque épidémie de fièvre puerpérale : « Les affections morales exercent aussi une influence fort nuisible sur les couches. Plus elles ont jeté de profondes racines déjà avant l'accouchement, plus leur action est nuisible.... »

_____

(1) Th. Helm. — Traité sur les maladies puerpérales. — 1840, page 23.

C'est ainsi que nous avons noté chez un bon nombre de nos malheureuses les émotions de l'âme, la peur de mourir, le chagrin de l'abandon dans lequel allaient se trouver leurs enfants, leur famille !...

Le sort des nouvelles accouchées préoccupait beaucoup de femmes pendant leur grossesse. Elles cherchaient à savoir le nombre des malades, le répétaient en l'exagérant, et finissaient par connaître la mortalité malgré les précautions prises pour la leur cacher.

Ces conditions fâcheuses ont une influence incontestable dans certains cas. Nous allons le prouver par quelques exemples recueillis au hasard.

A. Jeanne Garcia (obs. 8e) vit dans la plus affreuse misère. Son mari, sans occupation, ne cherche même pas à procurer à sa famille le pain de chaque jour. Cette pauvre femme souffrante, pendant sa grossesse, de diarrhées fréquentes, se désole de ne pouvoir travailler ; la crainte surtout de devenir plus malade et de devoir aller à l'hôpital la tourmente ; elle augure mal de l'issue de son accouchement. Cette pensée ne la quitte pas. — Elle accouche dans de bonnes conditions, mais le surlendemain, indépendamment des imprudences commises, elle a de fortes émotions suivies aussitôt d'accidents puerpéraux compliqués de symptômes cérébraux mortels.

B. Le 20 juin, la femme Brunin (n° 4 du tableau) enceinte de sept mois et demi, éprouve une impression extrêmement vive, lorsqu'on rapporte, dans son domicile, le cadavre d'un maçon mort asphyxié. A partir de ce moment, elle ne sent plus son enfant, il était mort !!! Si cette cause n'a pas été suffisante pour expliquer la fièvre puerpérale à laquelle a succombé cette malade, puisque la rétention du fœtus putréfié a agi d'une manière plus directe, on ne peut se refuser à la considérer comme une prédisposition évidente.

C. La femme Gyzel (18 du tableau), usée par la misère, par des souffrances, des grosseses antérieures, accouche le 7 août, et le 9 elle éprouve les premiers symptômes de péritonite. Le 12, amendement général, mieux sensible; espoir de guérison, lorsque sa

3

mère, à qui on avait écrit, arrive de Lille. Elle ne trouve pas
sa fille aussi gravement atteinte qu'elle le supposait, elle lui
fait des reproches de l'avoir déplacée ; une discussion très vive
surexcite la malade. Sous l'impression pénible que lui laisse
cette scène nâvrante quand ses enfants sont sans soins, sans
secours, sans pain, les symptômes de péritonite reparaissent
plus aigus. Ils sont compliqués de délire, et malgré une médication active, cette malheureuse succombe.

D. Louise Landas (*obs.* 1re), en proie, pendant sa grossesse,
aux angoisses les plus grandes causées par l'absence de son mari
et par une misère affreuse, accouche : elle est atteinte de péritonite puerpérale, et meurt !!!

E. Christine Hubbersen (12 du tab.) fait depuis longtemps très
mauvais ménage. Son mari, ivrogne, paresseux, la laisse, ainsi
que sa famille, manquer de tout. Elle accouche le 22 août, commet des imprudences le jour et le lendemain de sa délivrance; de
plus, dans la nuit du 25 au 26, elle a, avec son mari, une que-
relle longue, sérieuse. Quelques heures après, frissons, fièvre.
— Les symptômes de péritonite apparaissent, ils se compliquent
de délire, et la femme meurt le 28 août.

F. Chez Marie David (*obs.* 2e), la misère, la crainte de
mourir comme quelques femmes de sa connaissance, le sort
de ses enfants, la préoccupent tellement que, lors de l'apparition des premiers accidents pathognomoniques, elle n'est domi-
née que par des pensées tristes. « Je suis certaine de mourir ! »
nous disait-elle constamment. — Accouchée le 28 août, elle
n'était plus le 4 septembre.

G. Justine Neerinck (*obs.* 9e), d'un système nerveux facilement excitable, est prise d'une diarrhée abondante le jour de
ses couches. Cette coïncidence l'occupe uniquement, elle prétend qu'elle succombera comme tant d'autres femmes. La fièvre
puerpérale dont elle est atteinte se complique de méningite aiguë, et la pauvre malade ne tarde pas à être victime de cette
double affection.

H. Adèle Montac (obs. 6e), constitution affaiblie par les
privations, par huit grossesses antérieures, redoutait beaucoup

son neuvième accouchement. — Il est suivi d'une hémorrhagie considérable. Depuis deux mois son moral est frappé de la mortalité parmi les nouvelles accouchées. Le 27 octobre, symptômes de péritonite partielle ; la crainte de la mort l'effraie, elle se croit perdue !!! Le 1er novembre, mort !...

I. Catherine Dancard (obs. 10e), d'un caractère très irascible, se préoccupe des suites de couches survenues chez des femmes de sa connaissance. La rumeur publique a beaucoup exagéré la mortalité des nouvelles accouchées. Elle est délivrée le 24 août, les suites ne sont pas tout à fait régulières. Son moral s'affecte, son imagination s'exalte, elle ne veut pas de médecins, persuadée que si l'un d'eux lui donne des soins, elle mourra plus vite. Bref, elle est atteinte de manie puerpérale qui passe à l'état chronique. Peu à peu Catherine se rétablit, mais après de nouvelles contrariétés, les symptômes reparaissent. Ils sont heureusement combattus, et la guérison a lieu.

Nous pourrions multiplier les exemples de ce genre.

Le Dr A. Moreau (1) fait aussi ressortir les conséquences fâcheuses des émotions morales vives sur les affections des femmes en couches.

En 1846, le Dr Vernay de Lyon (2) écrit de son côté : « l'influence de l'état moral, cette cause qui, dans les hôpitaux, devrait presque être mise au rang de cause générale, nous a paru *déterminante* dans un cas. »

Enfin le Dr Maurat (3) signale, comme cause prédisposante en première ligne, les émotions de l'âme, particulièrement celles qui sont suivies de la crainte.

ACCOUCHEMENTS ANTÉRIEURS.

Le tableau de la mortalité des femmes accouchées à l'hôpi-

---

(1) A. Moreau.— Ouv. cit. p. 9-10.

(2) Vernay. — De la fièvre puerpérale épidémique, 1846, thèse inaug. p. 17.

(3) Maurat. — Sur les causes et le traitement de la métro-péri-

tal des Cliniques, pendant l'année 1838, annexé par M. Voil‑
lemier à son mémoire (1) donne sur 24 décès 11 primipares,
8 ayant eu un enfant, 1 deux, 2 trois, 1 huit, 1 neuf.

M. Lasserre fournit la statistique suivante (2) : sur 1025
primipares, 89 malades et 66 décès ; sur 1314 multipares, 43
malades et 21 décès.

M. Botrel (3) a constaté que les 9/11ᵉ des malades observées
par lui étaient des primipares.

Le Dr Vernay (4) rapporte que sur 18 accouchées qui fu‑
rent atteintes, 15 étaient primipares.

Le Dr Lefebvre (5) dit : « les primipares sont manifestement
« prédisposées aux maladies puerpérales. Dans le relevé de
« M. Riecke, la mortalité, considérée d'une manière générale,
« a été de 1 sur 175 et de 1 sur 143 chez les femmes primi‑
« pares. Le danger d'un premier accouchement s'est accru
« avec les progrès de l'âge. Ainsi, chez un cinquième des pri‑
« mipares qui avaient atteint 30 ans, la mortalité a été de 1
« sur 50. »

M. Maurat (6), sans donner de chiffres, signale aussi tout
particulièrement la primiparité.

Presque tous les médecins, en un mot, avancent que les pri‑
mipares sont plus exposées que les autres à contracter les
maladies puerpérales, et que, le plus souvent, les conséquences
en sont très meurtrières.

Notre épidémie a présenté des résultats tout opposés. Les
voici d'après le tableau précédent relatif à la mortalité, ainsi
que ceux des neuf guérisons :

---

tonite puerpérale. — Revue médico-chirurg. de Paris, septembre
1849, p. 130.

(1) Voillemier.— Ouv. cit. p. 230.

(2) Lasserre.— Ouv. cit. p. 17.

(3) Botrel.— Ouv. cit. p. 10.

(4) Vernay. — Ouv. cit. p. 16.

(5) Lefebvre. — De la fièvre puerpérale, 1847, thèse inaug.
p. 44.

(6) Maurat. — Ouv. cit. p. 130.

Accouchements antérieurs.

1	femme	était primipare			
3	«	avaient eu	1	enfant	
4	«	«	«	2	«
7	«	«	«	3	
6	«	«	«	4	
6	«	«	«	5	
5	«	«	«	6	
1	«	«	«	7	
4	«	«	«	8	
3	«	«	«	9	
1	«	«	«	12	

Cas graves. Décès et guérisons 41

Nous n'avons pu faire le relevé des nombreuses femmes
dont les suites de couches ont été entravées par des accidents
inflammatoires, mais ce qui ressort de tous les renseignements
pris aux sources les plus positives, c'est le nombre très minime
des primipares atteintes légèrement.

Nous ne pouvons assez le redire, afin de faire prévaloir l'influence prédisposante de certaines causes que nous venons
d'examiner : ni les primipares, ni les multipares de la *classe
aisée* n'ont éprouvé aucun accident puerpéral, même le plus
passager.

Comme simple rapprochement, nous mentionnerons que
lors de l'épidémie de la Maternité en 1843-1844, M. A. Moreau
n'indique ni les primipares ni les multipares comme lui ayant
fourni des remarques particulières.

Le Dr Ch. Dubreuilh (1) se borne aussi à dire : « les primi-
« pares ne sont pas moins épargnées que les autres. »

Ainsi donc, et c'est un des caractères saillants de notre épidémie, les primipares dont le travail est cependant d'ordinaire
long, provoque quelquefois des manœuvres de toute nature, et
nécessite, dans certaines circonstances, une délivrance forcée,
n'ont fourni, de juin 1854 à mars 1855, *qu'une seule victime
de la fièvre puerpérale.*

(1) Ch. Dubreuilh. — Ouv. cit. p. 53.

DURÉE DU TRAVAIL. — MANŒUVRES OBSTÉTRICALES.

Chacune de ces causes peut certainement devenir l'occasion d'accidents puerpéraux; mais comme elles sont tout à fait individuelles, elles ne peuvent contribuer à l'apparition simultanée d'un grand nombre de ces maladies, ni expliquer leur développement sous forme épidémique.

Jamais, dans une pratique de quelques années, après un accouchement laborieux ou un travail extrêmement long, nous n'avions constaté de suites funestes.

Il est vrai de dire que l'état sanitaire était d'habitude satisfaisant, et que les nouvelles accouchées ne songeaient nullement à ce que leur position pouvait présenter de sérieux ; leur moral était bon ; elles ignoraient même l'existence de ces morts si promptes, si extraordinaires que nous venons de voir se multiplier, et dont on s'est plu, pour ainsi dire encore, à leur grossir le nombre.

Par une nouvelle bizarrerie de notre épidémie, pendant son règne, un fait malheureux, unique d'ailleurs, s'est rattaché à la longueur, aux difficultés de l'accouchement. Cette fois, les manœuvres obstétricales ont été meurtrières chez la femme Leroy, rachitique, ayant une saillie sacro-vertébrale antérieure prononcée, et par conséquent le diamètre antéro-postérieur étroit. Les accouchements précédents avaient dû être terminés à l'aide du forceps. Pendant ce dernier travail, l'enfant, quoique en première position, ne peut avancer, tellement la tête est forte. Deux applications inutiles de forceps réclament la version ; mais la tête présente un obstacle invincible en raison de son volume. M. Lecomte se décide à l'implantation des crochets aigus, et aussitôt la femme est délivrée. Le lendemain métrite aiguë, puis péritonite consécutive. Mort le surlendemain !...

Chez presque toutes les malades, le travail a été plutôt facile, naturel, prompt que prolongé. Nous sommes étonné de cette remarque de Dugès que sur 456 péritonites puerpérales, 32 avaient eu lieu à la suite de parturitions difficiles, ce qui donne la proportion d'un sur 14. Un chiffre aussi énorme s'est retrouvé, d'après M. Voillemier, en 1838, à l'hôpital des Cliniques. Ainsi, sur 14 femmes dont les accouchements furent terminés par le forceps ou la version, six furent atteintes de fièvre puerpérale et quatre succombèrent ; cependant presque toutes ces opérations avaient été pratiquées par M. le professeur Dubois.

Dans sa thèse riche de très intéressantes statistiques, M. Lasserre prétend que sur 44 femmes qui ont subi l'application du forceps, la version ou la délivrance artificielle, il a vu la maladie se développer 14 fois.

D'autres recherches ayant fait découvrir des opinions contradictoires, il nous semble plus naturel de considérer, comme nous l'avons dit tout à l'heure, cette cause comme purement individuelle et constituant une prédisposition d'autant plus grande, plus funeste, que les tentatives auront été plus répétées.

RÉTENTION DANS L'UTÉRUS D'UN FOETUS MORT, D'UN PLACENTA, OU DE CAILLOTS PUTRÉFIÉS.

Bien que ces trois causes soient considérées comme occasionnelles de la fièvre puerpérale, elles ne sont pas fréquentes : presque tous les auteurs se bornent à les relater sommairement dans l'étiologie.

M. Voillemier (1), tout en reconnaissant les effets pernicieux de la rétention d'un foetus mort ou d'un placenta dans l'utérus, a rencontré rarement ce genre de causes. Il en rapporte deux exemples assez curieux dont les résultats ont été toutefois différents. L'un est relatif à une portion de placenta qui ne fut expulsée de l'utérus que six jours après l'accouchement et dans un état de putréfaction avancée ; ce fragment lui a semblé avoir été pour beaucoup dans le développement de la maladie. L'autopsie présenta à un haut degré les caractères de la fièvre puerpérale typhoïde.

En opposition avec ce fait, il raconte qu'un foetus mort

(1) Voillemier.— Ouv. cit. p. 229.

séjourna impunément dans l'utérus pendant quatre mois et
sans que l'accouchement ait été suivi d'accidents puerpéraux.
Ce cas unique lui a semblé assez intéressant pour l'exposer
avec détails. Il y eut en cette circonstance absence entière de
lésions ultérieures.

Nos malades ne nous ont fourni qu'un seul exemple de rétention d'un fœtus mort depuis quelque temps. Dans ce cas, la
liaison était très directe entre cette cause et le début de la maladie, aussi fut-il impossible de la méconnaître. — Il s'agit
encore de la femme Brunin (n° 4 du tableau) enceinte de sept
mois et demi, vivant dans l'aisance, dans d'excellentes conditions hygiéniques. Elle avait déjà éprouvé une impression extrêmement pénible lorsqu'on rapporta, sur un brancard, dans
sa maison, le cadavre d'un maçon mort asphyxié. Dès ce moment, elle ne perçoit plus les mouvements de son enfant (dé-
collement probable du placenta). Le 11 juillet, elle accouche
d'un fœtus mort putréfié...Le 12, apparaissent les phénomènes
morbides, dont la forme typhoïde a été le caractère dominant
jusqu'au moment de la mort, le 16 juillet. — Certes, ici une
circonstance toute exceptionnelle, le contact des matières pu-
trilagineuses, aurait déjà pu expliquer l'inflammation de l'utérus et ses conséquences, mais l'influence morale, puis en ce
moment l'élément épidémique sévissant partout où il a trouvé
des individus prédisposés, la femme Brunin n'a pu échapper à
l'action de cette triple cause.

Aucun exemple de putréfaction du placenta entier ou partiel
ou de caillot dans l'intérieur de l'utérus, n'a été observé pendant la durée de l'épidémie. Bien qu'il n'appartienne pas à la
fièvre puerpérale de 1854-1855, nous citerons succinctement
un cas de métrite très grave survenue en 1853, chez Mme L...
(sujet de l'observation 3e). — Après une fausse couche de trois
mois, le placenta fut retenu en partie dans la matrice. La sage-
femme ne s'en était pas aperçue. — Au bout de huit jours seulement, Mme L. se sentit assez maladive pour réclamer des
conseils. — Nous étudions sa position, et pendant l'examen de
la région hypogastrique, nous fûmes péniblement impressionné

et comme suffoqué par les émanations putrides qui s'échappaient de l'intérieur du lit. Les symptômes de métrite puerpérale étaient trop bien établis pour douter un seul instant de la nature de l'affection morbide. Au bout de quinze jours de maladie, Mme L. se crut guérie! Elle fit des imprudences, se négligea, et le mal devint chronique.

GÉNIE ÉPIDÉMIQUE.

Quelques unes des causes que nous venons d'examiner ont pu défavorablement modifier l'économie des femmes pendant leur grossesse et l'état puerpéral ; elles ont pu fournir une succession de circonstances débilitantes, ont eu même, pour ainsi dire, une force spécifique ; mais, en général, elles n'auraient très probablement pas *toujours* déterminé la fièvre puerpérale sans l'influence d'une cause *sui generis*, plus puissante, dont la nature nous échappe, et que nous appelerons comme MM. Tonnellé, Dubois, etc., *agent*, *génie épidémique.*

« C'est cette influence, dit M. Tonnellé (1), qui imprime à
« la maladie puerpérale épidémique une physionomie propre,
« en modifie les caractères anatomiques, en fait varier la théra-
« peutique, en précipite ou ralentit la durée, en augmente
« enfin ou en diminue le danger, suivant certaines circonstan-
« ces que nous ne pouvons saisir. »

M. le professeur Dubois, après avoir essayé d'expliquer, dans son article du Dictionnaire, le développement de la fièvre puerpérale dans les hôpitaux où règne l'encombrement, l'agglomération d'un grand nombre de femmes en couches, et une foule d'autres conditions antihygiéniques, la cause de sa propagation dans la pratique parmi les femmes isolées, entourées des circonstances hygiéniques les plus opposées , propagation plus marquée parfois que dans les hôpitaux, la mortalité plus forte dans tel quartier que dans tel autre où les mesures prophylactiques sont les mêmes, les irrégularités enfin que présente la marche de cette affection souvent si terrible, arrive à

_____

(1) Tonnellé, — Ouv. cit. p. 362.

cette conclusion adoptée aussi par les auteurs du *Compendium de médecine pratique* (1), consignée par le docteur Ch. Dubreuilh dans son mémoire (2), et à laquelle, nous aussi, nous nous rallions en tous points : « que la fièvre puerpérale est « produite par un agent épidémique insaisissable, aussi incon- « nu dans son essence et dans sa source que celui qui, par « exemple, donne lieu au choléra ; que cet agent, une fois en « mouvement, sévit partout où il trouve des individus prédis- « posés, et qu'il fait naturellement plus de victimes là où les « individus prédisposés existent en plus grand nombre, c'est- « à-dire, dans les hôpitaux et dans les classes pauvres de la « société. »

CONTAGION.

Ce point de l'étiologie si complexe, interprété si différem- ment par les médecins qui ont étudié le développement de la fièvre puerpérale, ne peut guère avoir de solution positive quand l'affection sévit dans la pratique civile ; aussi, comme c'est de cette manière qu'elle a progressé à Dunkerque, il a été impossible de réunir assez d'éléments contradictoires, d'en apprécier la valeur, pour en tirer des conséquences rigoureu- ses. Nous exposerons seulement, et d'une manière succincte, des coïncidences ; nous les comparons ensuite avec quelques faits analogues rapportés par les auteurs.

Directement, les médecins du pays n'ont constaté aucun exemple de contagion d'une femme malade à une femme bien portante et récemment accouchée, respirant le même air, se servant des mêmes objets, linges, vêtements, etc., etc. ; nous ne dirons donc rien de ce point de la question.

Voyons maintenant si une personne, dans de bonnes con- ditions de santé, ayant séjourné auprès d'une femme malade et ayant absorbé des miasmes putrides, a pu être la *cause in- directe,* le véhicule de la fièvre puerpérale. —*A priori,* nous

---

(1) Compendium, etc., ouv. cit. p. 236.
(2) Ch. Dubreuilh.— Ouv. cit. p. 53.

répondrons négativement, et nous allons formuler nos preuves. Pendant les premiers mois de l'épidémie, la rumeur publique signalait un accoucheur de la ville, homme de beaucoup d'expérience, et une sage-femme comme ayant eu le plus de malades de ce genre, dans les parties de la ville les plus opposées. — La croyance populaire, trop souvent aveugle, accusait ces praticiens de transmettre les germes du mal; ils furent si désolés de ce dont ils étaient témoins, de ce qui leur était attribué, qu'ils manifestèrent plusieurs fois leurs appréhensions à l'approche d'accouchements nouveaux. Beaucoup de femmes enceintes ont quitté la sage-femme par crainte, et cependant nous cherchions à les rassurer avec la sincérité la plus grande.

Ce qui avait lieu dans la pratique de notre confrère et de cette sage-femme n'était, en un mot, qu'une simple coïncidence facile à expliquer. L'un est l'accoucheur le plus répandu de la bourgeoisie, l'autre partage avec deux autres sages-femmes la clientèle du peuple; la conséquence toute naturelle est qu'ils ont dû avoir le plus de malades, puisque c'est dans cette catégorie, que s'est développé le plus grand nombre de cas.

Quant au Dr Lemaire et nous, si nous avons pratiqué beaucoup moins d'accouchements que M. T. et Mme C., nous avons soigné ultérieurement presque toutes les accouchées de cette dernière. Bien souvent nous quittions ces foyers d'infection pour aller visiter des femmes en couches ou d'autres qui ne l'étaient pas; deux fois, nous en particulier, après deux autopsies faites dans des appartements petits, malsains, infectés, après avoir baigné nos mains dans le pus, dans le détritus des organes lésés, nous avons été presque immédiatement appelé auprès de femmes en travail, dans de mauvaises conditions hygiéniques, et dans aucune circonstance, nous n'avons vu, ni l'un ni l'autre, se développer chez nos nouvelles accouchées les symptômes de cette funeste maladie. Sans rechercher beaucoup de faits identiques, nous nous bornerons à relater l'opinion du docteur Bouchut, savoir : (1) « que pendant l'épidémie de

---

(1) Dr Bouchut. — Ouv. cit. p. 150.

« 1843, parmi les victimes qui se sont présentées à l'hôpital
« Necker, 16 femmes étaient accouchées chez elles, avaient été
« frappées dans leur domicile, et sur ce nombre, une était de
« Clichy, l'autre de Vaugirard, et que, de plus, elles avaient
« été soignées par des médecins de la capitale qui ne fréquen-
« taient guère les hôpitaux. »

Le professeur Moreau n'admet pas non plus la contagion
indirecte, et M. P. Dubois s'exprime ainsi à ce sujet : (1) « Sur
« une question si peu assise, le doute, au moins, est un devoir;
« des preuves nombreuses et irrécusables peuvent seules fixer
« la science relativement à un mode de transmission que re-
« poussent, quant à présent, les idées généralement reçues en
« physiologie pathologique et en pathologie. » Non seulement
M. A. Moreau n'admet pas la contagion indirecte, mais ce qu'il
a vu (2) « dans l'épidémie de 1843, tendrait à prouver que la
« contagion, en général, n'existe pas. »

Cette dernière opinion est celle de MM. Lasserre, Botrel,
Devilliers fils, Cazeaux, Ch. Dubreuilh, et autres accoucheurs
très répandus qui aussi ont été témoins d'épidémies de ce genre
dans les établissements spéciaux en même temps que cette affection régnait dans la pratique particulière.

Si cette question a fait l'objet d'études sévères, c'est qu'elle
a été soulevée par des hommes sérieux, placés à la tête d'hôpitaux importants, et qui ont prétendu que la fièvre puerpérale n'a pu s'y développer d'une autre manière que par la contagion.

D'après les recherches des médecins de la Maternité de Vienne,
il y a quelques années, de 1840 à 1846 : (3) « Il résulterait que
« plusieurs épidémies de fièvre puerpérale n'auraient eu d'au-
« tre cause que la contamination des femmes en couches par des
« matières cadavériques dont étaient empreints les doigts des

---

(1) P. Dubois. — Dictionnaire de médecine etc., 1842, art. *fiè-*
vre puerpérale.

(2) A. Moreau. — Ouv. cit. p. 12.

(3) Gazette des hôpitaux. — n° 136, 1853, p. 548.

« étudiants appelés à les examiner ou à leur donner des soins.

« Sans accorder à ce fait une importance exagérée et en ne lui
« laissant que la valeur d'une cause accessoire, et quelque
« doute qui puisse subsister encore sur la valeur réelle de cette
« circonstance, il était naturel cependant et sage d'en tenir
« compte. — C'est aussi ce qu'a fait M. le professeur Dubois.

« En conséquence, en réglant le service de la Clinique dans la
« séance d'inauguration, il a prescrit que ceux des élèves qui
« seraient désignés pour faire des autopsies devraient s'abste-
« nir, jusqu'à nouvel ordre, du service des accouchements. »

Nous ne dirons pas positivement, d'après cette conduite du
célèbre professeur, qu'il penche presque, malgré lui, vers la
contagion, mais que, dans le doute, il a pris des précautions, et
« les précautions, même inutiles, sont toujours bonnes à pren-
« dre, a-t-il dit. »

Dans une des séances de la Société médicale du 10ᵉ arron-
dissement, M. Depaul (1) a communiqué quelques exemples
assez remarquables de contagion. Avant de les exposer, il
émet cette opinion que la fièvre puerpérale, surtout épidémique, est très contagieuse. Certes, ces cas observés par un pra-
ticien aussi distingué seraient de nature à faire accréditer son
opinion ; mais ce qui s'est passé à Dunkerque n'ayant fourni
aucun exemple analogue ; jusqu'à preuves plus nombreuses,
nous maintiendrons notre manière de voir qui est toute op-
posée.

SYMPTOMATOLOGIE. — MARCHE.

Une remarque que nous rappellerons avant de nous occuper
des symptômes réels des formes de la fièvre puerpérale, c'est
que la majeure partie des femmes ont été plus ou moins souf-
frantes, et surtout de *diarrhée*, pendant les derniers temps de
leur grossesse. Elles accouchaient naturellement, presque toutes
plus facilement même que d'ordinaire.

Le 2ᵉ jour, le 3ᵉ, dans certains cas, le 4ᵉ et le 5ᵉ se passaient
sans aucun accident. La diarrhée, qui s'était arrêtée, reparais-

(1) Union médicale, 1855, p. 107.

sait quelquefois, et la maladie se dessinait plus ou moins vite
par des phénomènes qui ne permettaient pas toujours de reconnaître, au premier abord, une véritable affection puerpérale.

Ce n'est que peu à peu, lorsque des symptômes identiques
sévirent chez d'autres accouchées, dans des circonstances presque les mêmes, c'est-à-dire, sous l'influence d'une cause épidémique caractérisée, que nous pûmes asseoir un diagnostic
certain, et qualifier d'affections puerpérales cette maladie qui
s'est présentée exceptionnellement dans notre pays, sous les
formes suivantes :

Forme inflammatoire. — *Métrite puerpérale.* — Elle s'est
développée, dans le plus grand nombre de cas, ainsi que nous
l'avons déjà dit, le 2e, le 3e, le 4e ou le 5e jour. Très souvent,
sans cause appréciable, la malade se plaignait d'un frisson assez court, précédé de malaise général. Douleurs primitivement
vagues dans le ventre, puis quelquefois se localisant dans la
région hypogastrique où le corps utérin formait une tumeur
plus ou moins saillante et offrant les caractères d'une métrite.
Elles s'exaspéraient de temps en temps et s'accompagnaient de
fièvre ardente, 120 à 130 pulsations ; alors peau très chaude,
figure colorée, langue sèche et blanchâtre, céphalalgie pénible.

Progressivement les douleurs cessaient; il n'existait pas de
météorisme, et l'état général de la malade s'améliorait. Un fait
constant, leur acuité coïncidait avec une diminution spontanée
des lochies, ou avec la suppression. Rarement, la sécrétion
laiteuse était altérée dans sa quantité normale; aussi lorsque
l'ensemble de la maladie ne présentait pas trop de gravité, les
enfants continuaient à prendre le sein. Le prof. Trousseau,
lors de l'épidémie observée à l'hôpital Necker, laissait téter
les enfants dont les mères étaient malades, et, sauf un cas, il
n'en a jamais vu résulter de troubles immédiats (1). Les conséquences n'ont pas été différentes pendant cette forme de no-

---

(1) Bouchut.— Ouv. cit. p. 103.

tre épidémie.Ni nausées, ni vomissements.La constipation suc-
cédait à la diarrhée qui existait souvent avant l'accouchement,
ou apparaissait avec la fièvre. Face altérée. Au bout de quelques jours, les accidents cédaient aux émollients simples ou à
un traitement énergique. Tantôt les lochies revenaient à l'état
normal, tantôt, au contraire, elles restaient supprimées définitivement.

Comme exemple de cette forme inflammatoire, nous donne-
rons une seule observation.

OBS. 4ᵉ. — *Forme inflammatoire. Métrite puerpérale.
Guérison.*

Emilie Knockaert, âgée de 31 ans, rue de Maurienne, 4.
— Dans la Cave.—Constitution assez bonne, conditions hygiéniques passables.— Quatre enfants.— Cette 5ᵉ fois, le travail
a duré cinq à six heures seulement.

Diarrhée abondante du 15 au 18 août, jour de l'accouchement.

Jusqu'au 21, rien de particulier : les suites de couches sont
très régulières. Cette femme se croit rétablie. Elle se lève, se
fatigue ; tout à coup les lochies se suppriment dans la nuit du
21 au 22.

22 août.— Frisson intermittent depuis le matin jusqu'à 5
heures du soir, puis apparition des symptômes inflammatoires.
Nous sommes appelé à 8 heures. Face rouge, colorée ; pouls
fréquent ; langue sèche, blanchâtre ; ventre douloureux surtout à la région hypogastrique ; utérus saillant.

40 sangsues sur l'abdomen. — Cataplasmes opiacés. —
Orge.

23. — Nuit mauvaise, agitée, sans sommeil. Ventre moins
sensible, cependant il l'est encore en un point. Même constipation que la veille.

15 sangsues *loco dolenti*. Un gramme de calomel en 4 prises.
Cataplasmes sur tout le ventre, jour et nuit.

24. — Amendement général. Les selles ont été nombreuses
et abondantes.Un peu de céphalalgie et de mouvement fébrile,

la langue est moins blanche. Les lochies ont une tendance à revenir. Les seins sont gonflés, et cette femme n'a pas cessé d'allaiter son enfant. Catap. sur l'abdomen. — Bouillon.

25. — Le mieux continue. Les lochies sont complétement revenues. Encore çà et là un peu de sensibilité abdominale. Pas de selles depuis le 23. Une nouvelle tisane légèrement laxative. Augmentation des aliments.

28. — Convalescence franche. La malade mange avec appétit. Les lochies sont normales, et les selles régulières.

L'enfant ne paraît avoir nullement souffert.

Forme typhoïde. — 1° Variété. Fièvre puerpérale sans siége bien déterminé de lésion. — 2° Variété. Péritonite puerpérale. — 3° Variété. Métro-péritonite puerpérale.

Cette forme typhoïde de notre affection a été la plus grave, et les nuances mentionnées, celles le plus souvent diagnostiquées ainsi par les médecins de la localité.

Ces accidents typhoïdes n'avaient point échappé à M. Dance qui les a décrits avec soin dans sa *Phlébite utérine*, et c'est par suite d'observations analogues que White, Manning, Millay, Tissot et plusieurs médecins de la même époque avaient cru devoir ranger la fièvre puerpérale dans la classe des affections putrides.

M. Tonnellé, dans son travail sur les fièvres puerpérales observées à la Maternité en 1829, service de M. Désormeaux, dit : « la forme typhoïde était sans contredit la plus fréquente « de celles que nous avons rencontrées. »

En 1838, à l'hôpital des Cliniques de Paris, M. Voïllemier a constaté que la forme typhoïde avait un caractère plus tranché que la forme inflammatoire (1).

En 1841, M. Lasserre a fait la même remarque.

Lors de l'épidémie observée à la Maternité de Paris en 1843-1844, le docteur A. Moreau (2) a noté que le caractère typhoïde

---

(1) Voillemier.— Ouv. cit.
(2) A. Moreau.— Ouv. cit.

a toujours été dominant, bien que la manière dont il s'est manifesté n'ait pas été constamment la même.

Celle de l'hôpital des Cliniques, en 1845, a fourni des éléments identiques de diagnostic.

Enfin, cette opinion, qui est la plus répandue, est celle que professe le docteur Paul Dubois.

Il ne faut, au reste, qu'un peu d'attention pour reconnaître les malades de cette catégorie, pour voir qu'il y a chez elles toute autre chose qu'une péritonite simple, et que la plupart des symptômes observés ne sauraient se rapporter seulement à *l'inflammation de la séreuse abdominale.*

1re VARIÉTÉ. — *Fièvre puerpérale sans siége bien déterminé de lésion.* — D'ordinaire son apparition n'a eu lieu que le 2e jour. Quand l'invasion se manifestait, l'accouchée se plaignait d'un malaise suivi d'un frisson violent, quelquefois court, huit, dix minutes, un quart d'heure, comme l'ont vu MM. Voillemier en 1838, et A. Moreau en 1843-1844 ; erratique et fréquent ; limité à certaines parties du corps ; d'autrefois très prolongé, une heure, une heure et demie, ou même trois heures ; remarque identique faite par MM. Bidault et Arnoult en 1843-1844. Il n'a jamais duré autant que chez Joséphine Rozé (*obs.* 5e). Cette femme en a souffert pendant près de 20 heures, mais d'une manière intermittente, il est vrai.

Le frisson mesure, en général, par son intensité, le degré de gravité de la maladie. « Chaque fois, dit le Dr Bourdon (1), « que le frisson a été intense et prolongé à l'invasion, et qu'il « s'est montré ensuite à plusieurs reprises, la terminaison a été « fatale. »

M. P. Dubois considère toujours aussi de mauvais augure sa violence et sa durée prolongée.

Abdomen assez douloureux, sans possibilité néanmoins de préciser tel point plutôt que tel autre. Aucune douleur n'a pu être déterminée, malgré la palpation réitérée, chez les femmes

(1) Bourdon.— Ouv. cit.

Jonvel (n° 5 du tableau), Neerinck (*obs.* 9°), chez Catherine Dancard (*obs.* 10°). Emilie Despiecth (n° 10) n'avait pas souffert du ventre pendant sa fièvre puerpérale. Six heures avant de mourir seulement, les douleurs abdominales ont paru et se sont développées jusqu'à la fin, de manière à provoquer des cris continuels. Chez Mme Ricquier (n° 6), et une autre malade, le Dr Menneboo a constaté même insensibilité. Remarque semblable faite par le docteur Lemaire, chez Jeanne Dormail (n° 20).

Parfois, au contraire, la sensibilité abdominale était si vive que le poids des cataplasmes, des couvertures, des fomentations même ne pouvait être supporté.

Météorisme modéré vers le 4° ou 5° jour. Vomissements assez rares. Quand ils avaient lieu, ils étaient le résultat de nausées fréquentes, de régurgitations, et les matières étaient verdâtres. La femme Rozé (*obs.* 5°) n'a eu des vomissements abondants que pendant la journée qui a précédé sa mort ; rien n'a pu les arrêter. La diarrhée était presque toujours un des phénomèmes initiaux : elle persistait un, deux jours, puis survenait de la constipation opiniâtre qu'il fallait combattre. Lorsque, par hasard, le tube digestif était le siège d'entérite, la diarrhée continuait. Dans les deux cas, selles infectes.

Pouls petit, misérable, irrégulier, fréquent cependant ; exacerbation le soir.

Respiration haletante, courte. Face blafarde, couverte de sueurs, yeux mornes, lenteur dans les paroles, en un mot, stupeur générale. Soif vive, langue blanchâtre. Diminution dans la sécrétion du lait, disparition en raison directe de la gravité du mal ; de même les lochies ne se supprimaient pas toujours entièrement ; seulement l'écoulement devenait sanieux, infect.

Aucune de nos malades n'a souffert d'escharres au sacrum, l'intensité du mal les enlevait trop promptement.

OBS. 5°. — *Forme typhoïde.* — *Fièvre puerpérale.* — *Mort.*

Joséphine Rozé, âgée de 28 ans, constitution détériorée ;

misère très grande ; rue du Vieux marché au beurre, 10, en
est à son troisième accouchement. 1ʳᵉ, trois enfants, (deux
filles, un garçon) ; 2ᵉ, un enfant. C'est le 10 septembre 1854
qu'elle accouche pour la 5ᵉ fois. L'expulsion de l'arrière-faix
attendue pendant une heure et demie est suivie d'une métrorrhagie abondante.

Les huit derniers jours de sa grossesse furent entravés par
une diarrhée colliquative qui l'affaiblit considérablement. Elle
ne demanda aucun avis.

Le 11, lendemain de ses couches, frisson très prononcé,
intermittent ; il a duré vingt heures à peu près. La diarrhée
avait cessé le 10, elle reparaît le 11. Ce frisson est suivi de
fièvre intense. Céphalalgie pénible, douleurs abdominales générales, un peu de météorisme ; les mamelles sont à peine gonflées ; les lochies peu abondantes. M. Thélu voit la malade à 8
heures du soir, il prescrit 20 sangsues *loco dolenti*. Pas de
vomissements. — Riz gommé.

12 *au matin*. La malade porte déjà un cachet typhoïde bien
complet : facies misérable ; hébétude ; accablement ; répondant
mal à nos questions ; pouls petit à 90 ; fièvre ; langue blanchâtre, sèche ; les douleurs abdominales sont vagues, exagérées
cependant par la pression. Lochies ni plus ni moins fortes que
la veille. Elle a essayé, en vain, à plusieurs reprises, d'allaiter
son enfant. — Riz gommé. Onctions mercurielles sur le ventre, larges cataplasmes émollients.

8 *heures du soir*. — Redoublement fébrile. Pouls à 115 à
peu près ; prostration plus marquée ; moins de diarrhée.

13 *au matin*. La diarrhée a cessé. Nuit fort agitée ; les lochies sont arrêtées. Météorisme plus caractérisé que la veille,
sonorité tympanique. Pupille dilatée ; abattement général ;
adynamie. Pouls à 88-95, irrégulier, dépressible ; langue sèche, fendillée. Le ventre n'est pas sensiblement douloureux.
Potion opiacée avec un gramme de sulf. de quinine pour tâcher
de vaincre cette rémittence fébrile du soir. Onctions mercur.,
catap., orge.

8 *heures du soir*. — Fièvre intense malgré le sulfate de qui-

nine. Plus aucune goutte de lait. Abdomen très douloureux ; transpiration prononcée ; pouls fréquent, plus régulier que le matin. Pas de selles depuis 24 heures. Céphalalgie intense. 30 sangsues sur le ventre. Catap., lav. purg., orge.

14 au matin. Les symptômes de la veille ne font que s'aggraver. Vomissements noirâtres. Ventre ballonné, dur, moins douloureux ; du gargouillement. Langue sèche. Sueurs abondantes ; stupeur ; pouls à 95, petit, aussi irrégulier que le 13, lors de notre visite du matin. Urines rares, infectes. Troubles cérébraux, intermittents. Pétéchies sur le ventre.

Vésicatoire à l'épigastre. Limonade acide. Onct. mercur., catap.

9 heures du soir. — Malgré le vésicatoire, les vomissements ont reparu à chaque instant. La fièvre redevient intense. Deux selles involontaires dans la journée. Aspect typhoïde très prononcé ; perte de l'intelligence ; sueurs visqueuses. Pouls faible; hoquet depuis midi. Respiration anxieuse, stertoreuse.

Cet état s'aggrave, et la pauvre femme meurt le 15 au matin. L'enfant est mort le 27 septembre.

2ᵐᵉ VARIÉTÉ. — *Péritonite puerpérale.* — Indépendamment d'une partie des symptômes de la fièvre puerpérale beaucoup plus prononcés, et qui n'ont paru que le 6ᵉ jour seulement chez la femme Montac (*obs.* 6ᵉ), une fois le 7ᵉ chez la femme Barra (n° 13 du tableau, malade du Dr Faucon); indépendamment de l'ensemble typhoïde, douleurs générales ou partielles, sensibilité du ventre toujours très développée. Météorisme prompt. Peu à peu la matité du ventre devenait évidente, et faisait soupçonner la présence d'une quantité quelconque de liquide. Respiration réveillant les douleurs. Vomissements incoercibles presque toujours dès le commencement de la maladie, cessant momentanément pour reparaître vers la fin. Quelques-unes de nos accouchées ont eu fréquemment le hoquet, parfois au début, le plus souvent lors de la dernière période.

Diarrhée pendant les derniers mois de la grossesse : tantôt elle a persisté, tantôt a alterné avec la constipation, et les selles étaient fétides.

Pouls très petit, concentré ou plein, variable, du reste, dans la journée. Peau brûlante ; lorsque la malade était à la veille de mourir, la peau se couvrait d'une sueur visqueuse, froide. Pas de sécrétion laiteuse. Suppression complète des lochies. Enfin, la face a toujours présenté cette altération caractéristique que l'on trouve consignée dans toutes les descriptions de péritonite. L'exemple qui suit est un cas assez curieux de péritonite partielle.

Obs. 6°. — *Forme typhoïde. — Péritonite partielle. — Mort.*

Adèle Montac, âgée de 36 ans, constitution affaiblie par une grande misère et huit grossesses antérieures, est accouchée de de son 9° enfant le 22 octobre 1854. Pendant les neuf mois elle a eu, à diverses reprises, des accès de fièvre intermittente ; ils se sont surtout répétés sans interruption pendant les derniers jours. Pas de dévoiement. Enfin le 22 à midi elle ressentit les premières douleurs, et quatre heures après elle mit au monde un enfant bien constitué. L'accouchement s'est fait naturellement, il a été suivi d'une perte abondante et de quelques frissons. Cette femme redoutait vivement le moment de la délivrance. Depuis deux mois, son moral était frappé de la mortalité parmi les nouvelles accouchées. Du 22 au 27 tout se passe assez régulièrement, les lochies coulent comme d'habitude ; la sécrétion du lait se fait bien, et n'est même pas accompagnée de fièvre le 3° jour ; l'utérus se rétracte normalement, lorsque le 27 octobre, vers midi, apparaissent quelques frissons, intermittents d'abord, puis continus ; ils durent jusqu'à 8 heures du soir (du 22 au 27 la femme Montac n'avait commis aucune imprudence). Ces frissons sont accompagnés de coliques assez violentes jusqu'au samedi matin 28.

28 octobre. — 10 *heures du matin*. Affaissement général ; le ventre est sensible ; céphalalgie ; pouls à 102. Pas de selles depuis le 24. Peau chaude, sudorale. Les seins sont peu gonflés. 5 décigrammes de calomel en trois prises. Onctions mercurielles sur le ventre. Cat. laudan., tilleul.

4 *heures du soir*. — Trois selles depuis le matin. Moins de fièvre, mais prostration.

29. — Insomnie ; persistance de coliques ; ventre tendu, sensible à la pression, surtout du côté de l'ombilic ; décubitus dorsal, une autre position réveille les douleurs. L'enfant prend le sein malgré nos avis contraires. 5 décigrammes de calomel, onctions mercurielles. Cat. laud., tilleul.

— 30. La journée d'hier a été assez calme ; le redoublement de fièvre a commencé vers 8 heures du soir; il a duré toute la nuit. Ce matin, pas de coliques ; ventre peu sensible ; la matrice n'est pas non plus douloureuse ; pouls à 104. Prescription *ut supra*, sauf le laxatif.

5 *heures du soir*. — La douleur péri-ombilicale reparaît et se prolonge dans l'hypocondre droit. Pas de selles depuis le 29. La malade ne peut changer de position sans souffrir, elle est fort agitée. Les lochies, supprimées depuis le 28 au soir, reparaissent un peu. La sécrétion mammaire persiste ; l'enfant prend le sein; il ne paraît pas souffrant. Météorisme. Pouls fréquent, petit, à 116. La forme typhoïde adynamique est caractérisée ; nous prescrivons 15 grammes de quinquina dans 250 grammes de liquide. Onctions mercurielles abondantes, catap. fortement laudanisés.

31 Octobre. — La douleur à l'ombilic et à la fosse iliaque droite est si prononcée, si localisée et continue, que nous considérons la péritonite partielle comme très caractérisée. Deux heures de sommeil la nuit. Prostration ; agitation, néanmoins, et douleur vive au moindre mouvement. Pas de diarrhée, mais plusieurs selles verdâtres. Le lait diminue ; un peu de lochies de temps à autre. Pouls à 118, petit. La matrice, pressée en tous sens, n'est nullement sensible. Fièvre. Plus de nausées, langue brunâtre, fendillée. Potion au quinquina, onctions, catap. laudanisés, tilleul, diète.

8 *heures du soir*. — La douleur à l'ombilic et à la fosse iliaque est intolérable. Le plus petit mouvement arrache des cris à la malade. Pouls à 130, concentré. Ventre dur, ballonné, Pas de selles depuis 11 heures du matin. Vingt sangsues *loco dolenti*, cat. laudan. Continuation de la potion au quinquina ; une pilule d'ext. gomm. d'opium à 5 centigrammes.

1er **Nov.**, 8 *heures du matin.* — Nuit très agitée, cris incessants provoqués par les douleurs abdominales. Les sangsues ont coulé abondamment. Pas un moment de calme. Symptômes typhoïdes aussi prononcés que la veille. Le ventre a pris un nouvel accroissement ; gargouillements nombreux ; pas de selles depuis hier matin. Lochies tout à fait supprimées ; la malade est très faible. L'enfant ne prend plus le sein.

Continuation de la potion au quinquina. 60 grammes d'huile de ricin, cat. laudanisés, une pilule d'opium, tilleul.

A 2 *heures*, affaissement progressif ; trois selles ; parole difficile ; pouls petit à 120. La toux exaspère les douleurs déjà si vives de l'abdomen. Vomissements nombreux, verdâtres ; hoquet.

3 *heures* 1/2. Cris continus ; les yeux sont fermés ; extrémités froides, face couverte de sueurs ; pouls imperceptible.

Adèle Montac succombe à 4 heures du soir.

Aujourd'hui 25 août 1855, l'enfant vit encore, quoique ayant pris le sein de sa mère.

3° VARIÉTÉ. *Métro-péritonite puerpérale.* Quant à la métro-péritonite puerpérale, la symptomatologie a peu différé de celle des deux variétés précédentes ; il en a été de même de l'aspect typhoïde que nous avons vu reparaître et compliquer les diverses phases de l'épidémie. La métro-péritonite a offert cependant certains caractères distinctifs qu'il a été possible de constater.

Sans nous arrêter à l'époque du début observé le 2°, le 3° et même le 5° jour, etc., au frisson plus ou moins caractérisé (chez la femme L., obs 3°, le frisson initial a paru très marqué une heure avant l'accouchement ; un début à ce moment est assez rare et exceptionnel ; aussi nous empressons-nous de le consigner ici) ; au pouls très significatif, etc., nous signalerons de suite les douleurs abdominales offrant, en général, un caractère pathognomonique par leur siége, leur étendue plus ou moins grande. Rarement elles ont envahi la cavité toute entière ; elles étaient bornées, circonscrites ; tantôt occupant toute la région hypogastrique, tantôt limitées dans les deux fosses iliaques, ou plus intense dans l'une que dans l'autre ; de là, se propageant dans les régions inguinales et lombaires. Ces douleurs étaient quelquefois si complexes, si intolérables, que les malades gardaient le décubitus dorsal et avaient les cuisses fléchies, afin de distendre les muscles abdominaux, et éviter ainsi la tension des parois du ventre.

A l'opposé de ce qui existait pendant la fièvre et la péritonite puerpérale, rarement le ventre était tendu, ballonné. Le volume de l'utérus variait aussi suivant l'époque à laquelle la phlegmasie avait débuté. Jamais nous n'avons pu constater d'engorgement, d'empâtement dans les fosses iliaques. Dans certaines Epidémies, une constipation prononcée coïncide avec l'apparition des premiers symptômes; ici elle a été l'exception ; au contraire, la diarrhée manquait rarement à cette époque.

Suppression assez fréquente, brusque, des lochies et de la sécrétion laiteuse. Chez la femme Despiecth, rue du Parc, 9, (n° 10 du tableau), ces sécrétions ne se sont arrêtées que la veille de la mort.

Une seule fois, nous avons pu obtenir l'autopsie après une métro-péritonite. L'observation et le résultat de notre examen ont été relatés pag. 15. Deux cas mortels de ce genre ont été diagnostiqués à l'hospice civil dans le service du Dr Darras. Il est regrettable que l'autopsie n'ait pu être faite.

TERMINAISON. — COMPLICATION.

La marche que nous venons d'esquisser est celle suivie à peu près par notre Epidémie de fièvre puerpérale. Nous l'avons dit à plusieurs reprises, la forme inflammatoire, la plus simple, la plus générale, n'a fait aucune victime; elle se terminait ordinairement assez vite par résolution, et les fonctions les plus importantes reprenaient leur cours.

Plusieurs fois nous avons vu les symptômes phlegmasiques s'arrêter tout-à-coup. Au commencement de l'Epidémie, nous étions disposé à nous faire illusion, à considérer cette rémission comme favorable, comme indice certain d'une guérison prochaine ; mais l'appréciation comparative des faits ultérieurs nous a prouvé que ce mieux si subit n'était jamais de longue durée ; il y avait recrudescence, transformation typhoïde, et les malades retombaient pour mourir bientôt. Aussi, dès lors, avions-nous plus de confiance quand l'amélioration n'était pas trop prompte.

Le cortége insidieux des symptômes de la 2ᵉ forme puerpérale constaté, dès le principe, chez nos malades les plus graves, quoique n'ayant pas été irrévocablement le même, a déterminé une issue presque constamment funeste. Nous augurions mal d'une dyspnée anxieuse, quand la face s'altérait, devenait violette, la prostration générale, la parole difficile, le pouls irrégulier, imperceptible, surtout quand ces phénomènes typhiques faisaient irruption en même temps, pour ainsi dire.

Une seule fois nous avons vu la maladie passer à l'état chronique : il s'agissait d'une péritonite puerpérale avec caractères typhoïdes. L'affection primitive, devenant progressivement chronique, s'est terminée par une métastase lente sur le tissu cellulaire. Les jambes ont commencé à se tuméfier autour des malléoles ; la tuméfaction s'est étendue ensuite à toutes les extrémités inférieures, puis a envahi le corps. L'œdème a été plus prononcé cependant aux jambes et à la face. Une excrétion abondante d'urine l'a fait disparaître peu à peu.

M. le Dr Menneboo a eu aussi à combattre une terminaison de ce genre : chez sa malade, il y avait hydropisie générale et ascite. La disparition de cette métastase s'est faite très lentement.

Notre observation nous semble assez intéressante pour être rapportée avec quelques détails.

Obs. 7ᵉ — *Forme typhoïde. — Péritonite puerpérale passée à l'état chronique. — Métastase sur le tissu cellulaire. Guérison.*

Emilie Maes, 25 ans, assez bonne constitution, quoique

lymphatique. Propreté dans son intérieur, mais misère très grande. Accouchée pour la troisième fois le 15 août. Travail prompt ; arrière-faix expulsé naturellement.

Sauf la diarrhée qui paraît le 16, les suites de couches sont régulières. La fièvre de lait est assez forte, et persiste jusqu'au 19. Agitation incessante, céphalalgie pénible.

20 août. — La diarrhée est arrêtée. Fièvre intense jusqu'à 4 heures du soir. Gonflement subit du ventre, siége d'une sensibilité très grande, surtout à la fosse iliaque gauche. Face vultueuse, pouls plein à 100, langue blanchâtre. 20 sangsues au point douloureux, cataplasme, tilleul.

21 août. — A une heure du matin, violent frisson qui dure trois quarts d'heure ; il est suivi de chaleur et d'une surexcitation générale ; abdomen moins douloureux que la veille ; les lochies cessent ; langue humide et blanchâtre ; respiration facile ; pouls à 104, assez résistant ; la diarrhée a repris depuis 5 heures du matin. L'utérus semble rétracté ; mais le soir les douleurs abdominales reparaissent dans la fosse iliaque gauche.

Riz gommé, potion opiacée, catap. laudan. sur le ventre. Diète.

22 août.—Même état. De plus, les douleurs s'irradient vers l'hypogastre ; 20 sangsues *loco do.'enti*, cat. laud., pot.opiac.

23 août. — Ensemble typhoïde. Moins de céphalalgie ; le matin quelques vomissements bilieux ; ventre douloureux, météorisé. La diarrhée persiste ; pouls dépressible à 110. Seins aplatis, la sécrétion mammaire est suspendue depuis 36 heures. Riz gomm., pot. opiac., onct. mercur. sur le ventre, catap. Diète.

Du 24 au 27, état stationnaire, sauf le ventre qui n'est plus aussi météorisé, et les douleurs qui deviennent sourdes, profondes dans la fosse iliaque gauche. Même prescription.

29 août. — La diarrhée est arrêtée. Amélioration sensible. Pouls à 100 à peu près. Quelques douleurs dans les membres.

31 août. — Les symptômes typhoïdes se dissipent. Langue

humide. Tilleul, embrocations sur le ventre avec l'huile camphrée. Bouillon.

Du 1ᵉʳ au 4 septembre. — Rien de nouveau. Abdomen re-
venu à son état normal, quoique la douleur continue au même
endroit. Pouls faible. Même prescription. Bouillon et soupes.

Le 7 septembre. — Après de nombreuses imprudences, un
peu de recrudescence. Fièvre ; ventre douloureux, ballonné.
Tour à tour diarrhée et constipation. 10 sangsues à la fosse
iliaque, 10 à l'hypogastre. Cat. laudan., riz gom., pot. opiac.

13 septembre. — Depuis le 10, œdème général, progressif,
plus marqué aux jambes et à la face. Mouvements fébriles intermittents et surtout le soir ; l'hypocondre gauche reste douloureux par intervalles ; urines claires.

Huile de camomille camphrée sur le ventre ; chiendent ni-
trée ; vin blanc ; quelques aliments.

15 septembre. — Jambes œdémateuses, froides ; peau de
tout le corps d'un blanc mat ; autour des malléoles plusieurs
plaques rouges ; ventre plus développé que ces jours derniers,
il paraît fluctuant. Aucun organe du thorax n'est malade. Pouls
à 68. Urines abondantes, claires. Prescription *ut supra*. Aliments toniques.

21 septembre. — L'œdème a beaucoup diminué ; peu de
gonflement aux jambes et aux malléoles. Plus de plaques rouges. Urines toujours abondantes, comme du petit-lait clarifié.
La fièvre a cessé. Même prescription.

— 25 septembre. La convalescence est franche. Plus d'œ-
dème. Beaucoup d'urine ; mais teint blafard, blême de la cachexie séreuse très caractérisée. Augmentation d'aliments.
Appétit excellent.

Enfin le 5 octobre, pour la première fois, Emilie Maes s'occupe de son ménage. L'amélioration continue, sauf décoloration des lèvres, des pommettes, etc.

21 octobre. — Embonpoint, mais pas de fraîcheur. Les
forces reviennent sensiblement ; le ventre est à l'état normal ;
à la moindre fatigue, une sensibilité exagérée se réveille dans
la région iliaque, siège primitif de la péritonite.

L'enfant de la femme Maes est mort le 3 septembre ; il avait vingt jours.

La métastase qui s'est développée chez Emilie Maes, nous a semblé, de prime-abord, très heureuse, et son apparition a exercé une grande influence sur le pronostic et le traitement. En effet, la convalescence que nous avions prévue ne s'est pas fait attendre. La cachexie séreuse a cédé promptement à l'emploi des diurétiques, et surtout à l'usage d'un régime tonique dirigé uniquement contre l'altération du sang.

Chose remarquable ! chez la plupart de nos malades, les accidents consécutifs ont été nuls ou tellement peu sensibles, qu'ils n'ont imprimé à la marche de l'affection principale aucune modification notable. Ainsi, pas de symptômes d'abcès de la fosse iliaque, pas de maladies bronchiques, ni pulmonaires, ni des articulations, etc. Les seules complications graves, bien diagnostiquées, ont été la méningite aiguë et un cas de manie puerpérale.

Les accidents cérébraux aggravent fréquemment la fièvre puerpérale. Plusieurs femmes ont éprouvé subitement, dès le principe, des céphalalgies violentes. Des moyens énergiques n'ont pu empêcher le délire consécutif qui, même, est devenu furieux. Cinq malades en ont été atteintes fortement. Deux ont été soignées par le Dr Lemaire ; deux succès. Trois l'ont été par nous : deux sont mortes, une a guéri. Les phénomènes ont duré, chez les nôtres qui ont succombé, 32 heures, 3 jours ; ils ont été suivis d'un assoupissement profond, et la mort en a été la conséquence. Chez la troisième, il y a eu manie très caractérisée. La fureur, peu à peu, calmée, s'est changée en une démence inoffensive, tantôt paisible, tantôt exaltée, mais complète, qui, du reste, n'a pas résisté à un traitement actif.

OBS. 8e. — *Forme typhoïde.*— *Péritonite puerpérale aiguë.*
— *Accidents cérébraux consécutifs.* — *Mort.*

Jeanne Garcia, 30 ans, rue du Milieu, 8, d'une constitution assez mauvaise, vit dans la plus affreuse misère. Deux accouchements antérieurs très prompts et heureux. Toute la troisième grossesse, entravée par des diarrhées fréquentes, a été extrêmement pénible.

Enfin, elle accouche le 22 juin, et les suites sont régulières. Les soins du ménage forcent cette malheureuse à se lever le lendemain. Elle s'expose au froid, à l'humidité, et, vers le soir, ressent du malaise qui continue le 24 toute la journée. Le mari rentre ivre : il tourmente, il irrite sa femme, bref une discussion violente suit, et aussitôt souffrance générale ; à deux heures du matin, frisson qui dure une heure, puis fièvre intense, agitation, délire intermittent.

25 *au matin* : diarrhée supprimée depuis le 23 ; douleurs de ventre générales et très vives, nausées, vomissements verdâtres. Météorisme depuis 5 heures du matin ; respiration gênée. Pas de selles depuis deux jours. Agitation prononcée ; soif fréquente ; dureté du pouls ; face grippée, exprimant la souffrance. En un mot, aspect typhoïde. Suppression des lochies et du lait vers 7 heures du matin.

25 sangsues sur l'abdomen. Cat. opiac. Frictions mercurielles ; quatre décigrammes de calomel en quatre prises.

26. — Nuit très mauvaise, très agitée. Mêmes symptômes. Continuation des prescriptions de la veille, sauf les sangsues.

27. — Ventre douloureux partout. Agitation, fièvre. Les purgatifs des 25 et 26 ont cependant produit d'abondantes selles. La malade qui, jusqu'ici, avait été parfaitement à elle, a donné, pendant la nuit, et depuis, des signes d'incohérence dans les idées. Nouvelle dose de calomel. 20 sangsues sur l'abdomen toujours météorisé. Onctions mercurielles. Catap. opiacés.

8 *heures du soir.* — La position s'est subitement aggravée. Convulsions partielles, spasmes, grincement des dents, délire bruyant, altération très prononcée de l'intelligence. Yeux brillants ; pouls inégal, très accéléré. 10 sangsues derrière chaque oreille. Ecoulement abondant, compresses froides sur la tête. Sinapismes aux mollets.

28. — Aucun changement, même exaltation cérébrale ; météorisme énorme. La palpation fait reconnaître un liquide

dans l'abdomen et de la matité. Le pouls devient petit, concentré, intermittent ; la face se grippe davantage ; vomissements fréquents ; hoquet. 30 grammes d'huile de ricin. Vésicatoires aux mollets.

— *7 heures du soir.* Etat désespéré. Collapsus ; les mouvements cessent, la sensibilité s'abolit.

Peu à peu le pouls et la respiration deviennent irréguliers,
la déglutition s'embarrasse, et des sueurs froides recouvrent
tout le corps.

La malade meurt le 29, à 5 heures du matin.

L'enfant a pris le sein pendant deux jours. Il est mort le 3
juillet.

Obs. 9ᵉ — *Forme typhoïde.* — *Fièvre puerpérale.* — *Méningite aiguë consécutive.* — *Mort.*

Justine Nerineck, 35 ans, rue du Milieu, 6, teint blême, hâve,
constitution décharnée, minée par la misère, système nerveux
très excitable, habitait anciennement Calais où elle eut deux
enfants. Ces deux accouchements, terminés très promptement
et sans manœuvres, furent cependant suivis immédiatement
de *délire aigu* qui céda chaque fois, au dire du mari, à des saignées répétées et à des purgatifs énergiques.

Quoique souffrante pendant sa troisième grossesse, épuisée
par le besoin, elle n'eut aucun accident intercurrent, ni diarrhée.

Enfin, le 4 septembre, elle accouche très naturellement
après dix heures de travail. Métrorrhagie grave pour laquelle
elle ne demande aucun secours. Diarrhée abondante le même
jour. Elle a mis son enfant au sein.

Les 5-6 septembre, — Lochies régulières ; la montée du lait
se fait assez bien, malgré une fièvre très forte précédée, à 6
heures du soir, par un frisson violent qui dura une demi-
heure seulement.

A 11 *heures.* — Symptômes de délire, constatés par le mari :
il les reconnaît analogues à ceux des deux accouchements précédents.

— Le 7 à 8 *heures du matin,* agitation extrême, céphalalgie frontale intense ; vomissements verdâtres fréquents. Cons-

tipation. La diarrhée est arrêtée depuis le 5 au soir. (Cette diarrhée a considérablement effrayé la malade, dont le moral est extrêmement impressionné.) Elle répond à nos questions, mais aussitôt après, délire furieux. Pendant la journée, intervalles lucides. Tremblement des membres. Pouls plein à 120. Pas de gonflement du ventre, ni douleurs à la pression. Facies grippé ; yeux ternes, abattus, excavés. Lait et lochies subitement arrêtés dans la nuit du 6 au 7.

Saignée de 300 grammes. Quatre heures après, sangsues en permanence derrière les oreilles. Purgatif. (Impossibilité de se procurer de la glace..)

6 *heures du soir.* — Aucune amélioration, l'agitation est extrême ; on doit fixer la malade dans son lit. Ventre toujours souple, pas de météorisme. Vésicatoires aux jambes. Tilleul.

8 septembre, 7 *heures du matin.*— L'exaltation de la veille a cessé vers 4 heures ; les intermittences sont assez longues. Pendant ce temps, assoupissement. Mouvement convulsif de la jambe gauche ; résolution, au contraire, de tout le côté droit. Les paupières sont agitées par des secousses continuelles. Evacuations alvines involontaires. La malade paraît insensible à tout ce qui l'entoure, elle ne répond que rarement. Sa figure exprime la stupeur. Pouls assez fréquent, quoique irrégulier. Nouveaux vésicatoires aux cuisses. Eau froide sur la tête.

— *Midi.* La respiration s'accélère, elle devient entrecoupée ; résolution complète des membres. Mort à trois heures du soir.

L'enfant a pris le sein du 4 au 6. Il est mort le 18 sept.

Obs. 10ᵉ — *Forme typhoïde.*— *Fièvre puerpérale.* — *Délire aigu passé à l'état chronique.* — *Rechute.* — *Guérison.*

Catherine Dancard, âgée de 32 ans, d'une forte constitution, caractère irascible, jouit habituellement d'une bonne santé. Sa vie est active. Intérieur extrêmement propre. Nourriture ordinaire suffisante. Trois accouchements antérieurs laborieux, mais terminés naturellement. 1ʳᵉ couche, trois enfants ; 2ᵉ, un enfant ; 3ᵉ, deux enfants.

Pendant les derniers mois de cette grossesse, Catherine a été bien portante, mais constamment préoccupée des accidents survenus à des accouchées de sa connaissance. Inquiète, elle voit approcher le moment de sa délivrance avec épouvante.

Elle accouche le 24 août après quatre heures de travail. Les deux premiers jours se passent bien : lochies régulières ; les seins gonflent ; l'enfant tète.

Le troisième jour, la montée du lait est accompagnée d'une forte fièvre. Catherine s'en effraie, son moral s'affecte, elle se croit perdue !!!Les lochies ont un peu diminué. Cette dernière circonstance et la fièvre qui la fatigue depuis le matin, la tourmentent, exaltent son imagination.

Elle refuse un médecin, et veut se traiter à sa façon. Elle prend, le quatrième jour, une forte dose d'huile de ricin. Quinze à vingt selles. Soif ardente, inextinguible ; douleurs de ventre ; exaltation prononcée.

Le cinquième jour, voyant la fièvre continuer, puis effrayée de la diminution des lochies, elle envoie chercher une nouvelle dose d'huile de ricin qu'elle prend le sixième jour à 8 heures du matin. Il en résulte une vingtaine de selles, nous a-t-elle dit depuis, et quelques vomissements dans la journée. Les lochies disparaissent tout à fait. Diminution du lait. L'enfant prend le sein jusqu'au 29.

Les jours suivants, Catherine est si souffrante de fièvre et de douleurs de ventre, qu'elle consent à nous faire chercher.

4 septembre. — Pendant la nuit elle a eu une céphalalgie intense, des nausées nombreuses, deux épistaxis. Ventre affaissé, utérus rétracté. Douleurs abdominales vagues, plus caractérisées cependant à la région hypogastrique et un peu à la fosse iliaque droite. Traits altérés, stupeur. Abattement général, fièvre, pouls à 100. Sécheresse de la langue. Diarrhée. Plus de lochies ; à peine quelques gouttes de lait. Diète. Boissons émollientes, fomentations opiacées sur le ventre. Compresses d'eau froide sur la tête.

5 sept. — Même état, mêmes moyens.

7 sept. — Amélioration sensible, disparition successive des

symptômes typhoïdes, incomplets du reste. Plus de diarrhée ni vomissements. Bouillon, orge, eau froide sur la tête.

9 sept. — Le mieux se soutient. Les aliments sont augmentés.

10 sept. — Vivement irritée d'une discussion qui s'est prolongée, Catherine Dancard se plaint d'une céphalalgie permanente beaucoup plus forte que la première fois. Nous ne sommes appelé que le lendemain.

11 sept. — Délire bruyant, menaces, vociférations et mouvements convulsifs. Face pâle, traits altérés, yeux hagards, parole brève, susceptibilité très grande. Pouls à 80, à peu près. Peu de fièvre. Ventre souple, constipation depuis deux jours. (Elle ne s'occupe plus de son enfant.) Tisane purgative ; saignée de 500 grammes ; sinapismes promenés aux extrémités inférieures.

12. — La tisane laxative n'a produit aucun effet. Exaltation aussi grande que la veille. Jour et nuit Catherine est sous l'influence d'un délire : « *Elle se croit la Sainte-Vierge* ; *je ne veux pas mourir*, dit-elle, *comme les autres*, » etc. Dans d'autres moments, elle a des visions et parle avec beaucoup de volubilité. Teint pâle, pas plus de fièvre que la veille, pouls 70-80. De temps à autre la raison reparaît. La céphalalgie est opiniâtre. La malade se refuse énergiquement à ce que des sangsues soient appliquées aux apophyses mastoïdes. Elle consent cependant à être saignée. Cinq centigr. de calomel toutes les heures.

13 sept. — Six selles diarrhéiques, vers la fin de la journée du 12 ; la nuit a été assez calme, deux heures de sommeil. Pas de fièvre, le pouls s'est ralenti ; il a faibli sensiblement. Mamelles flétries, pas le moindre écoulement vaginal. Abdomen très souple. De loin en loin un peu de tranquillité, mais irascibilité à la moindre contrariété, et aussitôt exaltation, loquacité, menaces, etc.

Nouvelles doses de calomel pendant la journée, tilleul, potion antispasmodique avec la teinture de valériane à prendre par cuillerées toutes les demi-heures.

14 sept. — Nuit assez bonne ; le délire cesse, mais démence intermittente bien caractérisée. L'appétit est bon. Potion calmante de la veille, tilleul, sinapismes, promenés aux extrémités inférieures.

Du 15 sept. au 1er octobre. — L'incohérence des idées est complète. Tantôt la démence prédomine, tantôt les visions reparaissent comme dans les premiers temps.

A partir du 1er octobre les discours ont du sens, le délire est tranquille, taciturne, parfois triste. Enfin, chaque jour l'amélioration fait des progrès, et peu à peu cette malheureuse reprend ses occupations d'intérieur.

La mort de son enfant, vingt-sept jours après sa naissance, ne lui a pas causé trop d'émotion.

Notre dernière visite à Catherine Dancard fut le 6 octobre.

Nous ne songions plus à elle, lorsque, le 17, le mari vient nous dire que sa femme présente, de nouveau, des symptômes de délire.

Ils sont survenus à la suite de vives contrariétés. Ce n'est plus de la fureur, le délire est tranquille, taciturne ; ses idées sont incohérentes. Moments de calme de temps à autre ; pas de fièvre. Les règles n'ont pas encore paru. Le calomel prescrit pendant plusieurs jours, les antispasmodiques, des pédiluves sinapisés, le repos le plus grand, et un traitement moral suivi avec persévérance, ont suffi pour faire disparaître complétement ces symptômes inquiétants.

Aujourd'hui, 3 novembre 1854, sauf un peu de faiblesse, la malade est aussi bien que possible.

DIAGNOSTIC.

L'étude que nous avons faite de la fièvre puerpérale indique assez qu'il serait superflu d'en donner, de nouveau ici, tous les symptômes. *Non ex uno signo, sed ex concursu omnium*, a dit Hippocrate. En effet, aucun des phénomènes pathologiques énumérés dans la symptomatologie, pris isolément, n'a pu être pathognomonique de nos affections puerpé-

rales, mais considérés en masse, ils ont puissamment contribué à en éclaircir le diagnostic.

Au commencement de l'épidémie, il a parfois présenté des difficultés pour bien reconnaître l'espèce de maladie puerpérale, sa
forme, et pour saisir les nuances qui caractérisent, d'habitude,
ses nombreuses transformations ; ces difficultés ont été apla-
nies au fur et à mesure que les phénomènes offraient plus d'uni-
formité dans leur succession. Nos hésitations ont été d'autant
plus excusables à cette époque, qu'en temps ordinaire, des maladies nombreuses peuvent compliquer les phlegmasies des
femmes en couches, et leur imprimer des caractères particuliers de nature à masquer la maladie principale.

Souvent, en face de ces accidents puerpéraux plus prononcés que d'habitude, il n'était pas aisé de découvrir, de prime
abord, si l'on aurait à combattre une fièvre de lait exagérée
ou la fièvre puerpérale. Les symptômes les plus ordinaires de
la sécrétion laiteuse n'étaient pas toujours caractérisés nette-
ment, mais on pouvait penser avec raison que l'influence épidémique les avaient modifiés. Ainsi du 2ᵉ au 3ᵉ jour, tantôt
les seins gonflaient sans fièvre, tantôt cette fièvre coexistait
seule, ou était accompagnée d'autres accidents. Alors, quand
ces premiers phénomènes se dessinaient, se multipliaient, un
frisson violent apparaissait subitement, et la fièvre puerpérale,
entourée de son cortége pathognomonique plus ou moins complet, plus ou moins grave, n'était plus un doute.

Les affections des femmes en couches n'ayant été compliquées
ni modifiées par aucune lésion abdominale ou thoracique particulière, nous n'avons pas de diagnostic différentiel à établir.

PRONOSTIC.

En général, les maladies puerpérales, quelle que soit leur
forme, la cause qui les fait naître, sont graves. Toutefois, elles
sont moins dangereuses, moins meurtrières, lorsqu'elles sont
déterminées par une cause externe, qu'en temps d'épidémie.

Voulant restreindre nos considérations sur le pronostic à

l'épidémie de 1854-1855, et ce que nous avons exposé, dans les divers paragraphes qui précèdent, nous dispensant de revenir sur les phases de la maladie qui nous occupe, nous nous résumerons dans les propositions suivantes :

1° Nous avons constaté, pendant la durée de notre fièvre puerpérale, ce qu'il y a dans presque toutes les épidémies de ce genre, une période funeste où la maladie acquiert une intensité au-dessus de toute médication. Cette période a duré juillet-août-septembre.

2° Bien que les variations de température n'aient pas eu d'influence directe sur le grand nombre des malades, et principalement sur celles sérieusement atteintes, il a cependant été observé que plus ces variations étaient fréquentes, brusques, plus elles ont été défavorables et aggravaient l'affection puerpérale.

3° Dans la majeure partie des cas graves, le degré de danger marchait de front, sauf de rares exceptions. avec les mauvaises conditions d'habitation, d'hygiène, d'alimentation, de régime.

4° Les femmes épuisées par les fatigues, les veilles, la misère, par d'anciennes maladies, et influencées surtout par les émotions morales vives, dont on ne saurait contester les effets, résistaient moins, donnaient beaucoup plus de craintes que celles qui se trouvaient dans de bonnes conditions.

5° Pronostic grave quand le mal se développait à une époque très rapprochée de l'accouchement, que son invasion était brusque, que le frisson était intense et prolongé, quand le début était précédé d'une diarrhée fétide, si ce symptôme persistait, et que survenait un météorisme considérable.

6° Enfin la forme typhoïde, accompagnée de phénomènes adynamiques, nous a toujours fait présager une issue plus funeste que la forme inflammatoire.

TRAITEMENT.

Traitement prophylactique. — Il repose en entier sur l'étio-

logie. L'étude des principales causes de la fièvre puerpérale
ayant été faite avec une attention toute particulière, en les re-
prenant une à une, nous pourrions essayer d'en tirer des conséquences pour le traitement prophylactique ; mais ce serait
nous entraîner à des répétitions inutiles. Si déjà il est difficile
et complexe d'éloigner l'action délétère des agents connus sur
les nouvelles accouchées, il en est d'autres qu'il est impossible
de combattre directement : tels sont les modificateurs épidémiques qui sévissent, malgré toutes les précautions, et dont
l'influence est d'autant plus énergique que le sujet est plus affai-
bli, et vit entouré de conditions sanitaires plus déplorables.

Quels que dussent être les résultats que nous allions obtenir, quand nous étions consulté en temps opportun, nous re-
commandions aux femmes des soins se déduisant tous des lois
de l'hygiène la plus sévère : ainsi, nourriture aussi convenable
que possible, habitation propre, exercice modéré, bains fréquents, etc. Pendant le travail, proscription de manœuvres inutiles, intempestives, pour le rendre moins long. Ces cas, du
reste, se sont rarement présentés, parce que toujours le travail a été prompt, beaucoup plus court que lors des couches
précédentes. Par habitude, nous n'exerçons jamais de tractions
prématurées pour opérer la délivrance. Plus qu'en temps ordinaire, notre circonspection a été grande, et chaque fois nous
veillions à ce que le placenta fût extrait en entier.

Plus tard, les lochies se supprimaient-elles ou diminuaient-
elles trop vite, nous faisions recouvrir le ventre de cataplasmes,
et les parties génitales de fomentations émollientes très chaudes.
Nous paraissaient-elles altérées, exhalant une odeur fétide,
injections émollientes, chlorurées, etc., dans le vagin.

Quant aux autres soins propres à la femme elle-même, nous
les prescrivions très minutieux : les alèzes fréquemment re-
nouvelées, la liberté du ventre entretenue par des lavements
émollients, ou si la constipation était trop opiniâtre, par de
légers laxatifs. Allaitement de l'enfant après quelques heures
de repos. Recommandation expresse de ne changer l'air de
l'appartement qu'avec toutes les précautions convenables.

Calme complet pendant six à huit jours, et alimentation modé-
rée. Enfin, consolations morales ; ce point de la prophylaxie a
été constamment pour nous de la plus haute importance.

Traitement curatif.—Dans ses Etudes sur la Fièvre puerpérale, le Dr Bouchut s'exprime ainsi en parlant du traitement
de cette affection: (1) « L'énumération des nombreuses variétés
« de la fièvre puerpérale suffit, je crois, pour démontrer qu'on
« ne peut, en aucune façon, assigner de traitement exclusif à
« cette maladie qui, d'ailleurs, semble se jouer des formules
« de la thérapeutique.

« Il faut, après avoir puisé dans les ressources médicales un
« moyen capable de dompter cette influence pernicieuse que
« les anciens, dans leur langage métaphorique, appelaient le
« Génie de l'épidémie, appliquer à chacune des formes de la
« maladie le remède qui doit les combattre. C'est, comme on
« le voit, une médication difficile et complexe, dans laquelle
« il faut toute la sagacité du maître pour réussir. Il n'est pas,
« à mon avis, d'affection épidémique qui demande, de la part
« du médecin, autant de ressources intellectuelles et de fécon-
« dité thérapeutique. »

Malgré toutes nos recherches, nous n'avons pu découvrir
aucun indice que cette affection ait existé à Dunkerque d'une
manière épidémique. Ne soupçonnant donc pas quelle forme
elle allait affecter pour la première fois dans ce pays, nous
nous sommes, mes confrères et moi, trouvés dans des circonstances particulières, et, pendant les premières phases de la
maladie, nous avons procédé par des tâtonnements nombreux.
Plus tard, quand nous avons pu constater sa variabilité suivant les sujets, ses complications, et l'influence de cette cause
insaisissable, mystérieuse ; quand nous avons pu comprendre
surtout le génie particulier de l'épidémie, la thérapeutique est
devenue parfois plus efficace. Cependant, pas plus que le Dr
Bouchut, nous n'avons adopté de traitement exclusif. En général, nous sommes éloigné de ces vues systématiques qui dé-

(1) Dr Bouchut. ouv. cit. p. 151.

naturent les choses, en faisant qu'on ne s'attache qu'à une de leurs faces.

Nos moyens ont été subordonnés aux diverses formes de la maladie, à sa physionomie, aux constitutions individuelles.

Les sangsues n'ayant jamais été employées isolément, nous n'interprêterons que les effets obtenus lorsqu'elles ont été alliées aux cataplasmes, aux injections, aux onctions mercurielles, aux purgatifs, au sulfate de quinine ; nous dirons ensuite ce que nous avons obtenu par les purgatifs seuls ; enfin ce qu'ont produit les topiques émollients sur l'abdomen, combinés avec le sulfate de quinine à haute dose, etc.

Nous ne nous arrêterons pas au traitement de ces accidents puerpéraux nombreux et anormaux qui ont accompagné la montée du lait. L'influence épidémique les a plus caractérisés qu'en temps ordinaire; il est vrai, mais quelques soins prophylactiques, une sage diététique, suffisaient pour les faire disparaître. Quand, au contraire, les phénomènes ont affecté la forme inflammatoire ou typhoïde, c'est alors que nous avons entrepris un véritable traitement.

41 observations de cas graves ont été recueillies à Dunkerque, du 22 juin 1854 au 25 mars 1855 ; nous devons à l'obligeance de plusieurs de nos confrères la communication de leurs notes.

Ces observations donnent 32 morts par les progrès de la maladie et 9 guérisons plus ou moins promptes, plus ou moins lentes par suite du traitement :

1° Morts.—Saignées, sangsues, purgatifs, révulsifs cutanés 3
     Émollients, opiacés 5
     Émollients, purgatifs 3
     Émollients, décoction de quinquina 1
     Émollients, onctions mercurielles, décoction de quinquina 1
     Onctions mercurielles , purgatifs, révulsifs cutanés 2
     Sangsues, purgatifs, révulsifs cutanés 5

A REPORTER 20

1° *Emissions sanguines.* — Jusqu'à présent l'histoire de notre fièvre puerpérale démontre surabondamment que les circonstances spéciales, sous l'influence desquelles elle a progressé, prédisposent les femmes à l'adynamie la plus tranchée; aussi cet état primitif nous imposait-il une extrême prudence. La saignée générale, appliquée dans bien des cas où la forme phlegmasique était traduite par un pouls dur, fréquent, une chaleur élevée, la face rouge, l'œil animé, eût été utile, elle eût donné des avantages incontestables peut-être; mais le régime, les émollients, nous ayant suffi au commencement, pour produire peu à peu une amélioration notable et aider à la solution, nous avons continué ainsi. Quand cette forme se prolongeait, en raison des antécédents de la majeure partie des malades, les émissions sanguines ne pouvaient, au contraire, que déterminer cet affaiblissement extrême, cette prostration presque complète bien constatée autrefois par MM. Voillemier, Dubois, A. Moreau.

Nous n'avons donc pas prescrit la saignée générale dans l'unique but de faire avorter la maladie ; et certes des faits identiques se représentant dans les mêmes conditions, jamais nous n'aurons recours à ce moyen de traitement. Notre opinion s'est trouvée conforme à celle de nos confrères. Trois fois seulement parmi nos 41 malades précitées la saignée a été faite : toujours encore après les premiers accidents et pour vaincre des complications cérébrales.

L'usage des sangsues a été beaucoup plus étendu que celui de la saignée. Utiles dès l'origine du mal, elles l'ont été même lors de ces phénomènes transitoires, éphémères, qui précédaient ou accompagnaient la forme typhoïde. Nous en avons obtenu de bons effets, malheureusement passagers.

Nous avons adopté, pour leur emploi, la méthode de Désormeaux, c'est-à-dire, que nous en prescrivions toujours un très grand nombre à la fois.

L'intéressant Mémoire de M. Tonnellé contient des considérations pratiques précieuses sur la manière dont Désormeaux employait les émissions sanguines locales dans la péritonite et la métro-péritonite puerpérales, et la preuve des succès qu'il obtenait par cette médication.

La pratique de M. Louis se rapproche de celle du médecin en chef de la Maternité. Si la saignée a, en général, une action débilitante très rapide; la saignée par les sangsues n'a que des effets généraux secondaires, éloignés, et elle est très facilement supportée par les femmes même les plus faibles. Cette remarque, corroborée par les faits journaliers, nous a donc servi de guide.

Presque tous nos confrères, qui ont eu des fièvres puerpérales à soigner, ont eu recours, dès le principe, aux sangsues en plus ou moins grand nombre.

Plusieurs d'entr'eux prétendent que les émissions sanguines ont été plus nuisibles qu'utiles. Quant à nous, nous pensons que, si les sangsues exclusivement employées, n'ont pas en-

rayé le mal d'emblée, elles ont contribué peut-être à l'action
des moyens ultérieurs.

2° *Cataplasmes.* — *Injections.* — *Bains.* — Après les sangsues, nous appliquions sur le ventre des cataplasmes émollients,
arrosés de laudanum lorsque les douleurs persistaient ; s'il y
avait contr'indication aux émissions sanguines, nous les met-
tions aussitôt l'invasion du mal. Dans bien des circonstances,
l'abdomen était tellement sensible que le poids des cataplasmes ne pouvait être supporté; alors il fallait les remplacer par
de simples linges mouillés, par des embrocations narcotiques.

Les lochies avaient-elles une odeur fétide entretenue par
des caillots, des portions de placenta putréfiées, restées dans
l'utérus ou le vagin ? Les injections avec de l'eau de guimauve,
simple ou chlorurée, la décoction de têtes de pavot, amenaient
constamment du soulagement.

Les bains ont certes parfois des avantages, mais aussi ils
peuvent entraîner de graves inconvénients. Ainsi, il est évi-
dent que, chez nos malades de la classe pauvre, les précautions indispensables ne pouvant être prises, elles eussent été
exposées au froid, et fatiguées ensuite par de mauvaises positions, un transport fait sans soins ni méthode. Pour toutes ces
considérations, nous n'avons pas été tenté d'essayer les
bains.

3° *Préparations mercurielles.* — Les préparations mercurielles ont été prescrites sous deux formes : l'onguent napoli-
tain double a été associé assez souvent au calomel, ou bien le
calomel pris isolément.

Les onctions sur l'abdomen, le plus fréquemment employées à la dose de 60 à 90 grammes par jour (dans la moitié
des cas à peu près), étaient mises en usage après les émissions
sanguines ou dès le début de l'affection lorsque l'adynamie
était trop prononcée. Nous n'avons pas constaté, en général,
une amélioration bien évidente.

M. Velpeau, qui a préconisé, comme moyen principal, les

frictions mercurielles à haute dose, prétend que le moment le plus avantageux de les prescrire est à l'invasion du mal ; car pour être efficaces, dit-il, il faut que leur action puisse être aussi rapide que la maladie contre laquelle elles sont dirigées. D'après cet éminent professeur, le mercure agirait en modifiant d'abord la nature des fluides, et, par suite, l'état des surfaces enflammées.

M. P. Dubois y a eu recours un très grand nombre de fois, et en a obtenu aussi des succès ; mais il ne reconnaît pas à ce médicament une aussi grande efficacité ; il ne le considère que comme une ressource accessoire très infidèle, et ne l'emploie qu'à une époque déjà avancée de la maladie, dans le cours de la période typhoïde. Cependant, les expériences tentées sur une très grande échelle par des médecins dont le nom fait autorité, et les succès obtenus dans plusieurs épidémies de ce genre doivent engager sinon à considérer les onctions mercurielles comme un spécifique, du moins à les combiner à d'autres médications dont l'influence n'est pas plus manifeste *a priori*.

Nous mentionnerons ici ce fait assez bizarre, que, dans aucun cas, la salivation ne s'est établie, malgré les quantités élevées absorbées dans les vingt-quatre heures, et que, jamais même il n'y a eu gonflement des gencives : il est vrai de dire que la courte durée de la maladie a empêché de continuer les frictions mercurielles au-delà de trois à quatre jours.

Nous avons administré le calomel plutôt comme purgatif que comme altérant ou comme remède spécial.

4° *Purgatifs*. Les purgatifs ont été fréquemment prescrits par nous, ainsi qu'on peut en juger par notre statistique. Nous n'y avons pas eu recours à titre de médication exclusive, mais, après les émissions sanguines, pour combattre la constipation quelquefois opiniâtre dans la forme inflammatoire. Dans la forme typhoïde, quand l'absence des garde-robes se prolongeait au-delà de deux ou trois jours, nous prescrivions aussi les purgatifs, avec une certaine réserve toutefois, afin de ne pas provoquer de nouvelle diarrhée, si grave, en général, par l'état de faiblesse qu'elle entraîne.

L'huile de ricin, le sulfate de magnésie ou de soude, l'eau de Sedlitz, étaient habituellement employés. Jamais ces révulsifs n'ont déterminé des évacuations alvines rebelles constituant un danger de plus, et observées plusieurs fois par M. Voillemier, pendant l'épidémie de 1838, à l'hôpital des Cliniques.

L'usage assez fréquent que nous avons fait du calomel, comme purgatif, n'a pas produit cette salivation considérée de bon augure par certains observateurs, et coïncidant, d'après eux, assez souvent avec l'amendement de tous les symptômes. Nous le donnions à la dose de cinq décigrammes à un gramme en plusieurs prises ; dans quelques circonstances, il a été prescrit à quinze décigrammes, et même à deux grammes ; toutefois, avec les précautions nécessaires à l'ingestion de ce médicament. Dans deux cas, son action sur le tube digestif a été nulle. Une seule fois, il a provoqué des selles involontaires. Chez une de ses malades, le Dr Menneboo a administré les purgatifs exclusivement.

5° *Sulfate de quinine.* — En 1845, MM. Bidault et Arnoult (1) écrivaient : « Nous avons observé, en 1843-1844, « chez plusieurs malades, des rémissions assez tranchées pour « nous porter à croire que, dans ces circonstances, l'adminis- « tration du sulfate de quinine pourrait avoir une influence « favorable sur la marche de la fièvre puerpérale. »

Cette opinion suggéra à notre confrère, M. Lemaire, pour combattre les rémittences évidentes chez un grand nombre de victimes de l'épidémie, l'idée de l'emploi du sel de quinine. Il le prescrivit à haute dose, 15 à 20 décigrammes, et eut tantôt des succès complets : « tantôt, dit-il dans son Rapport annuel au Préfet, comme médecin des épidémies, bien que ce « moyen ait été suivi d'une amélioration sensible, d'un temps « d'arrêt des principaux symptômes qui nous faisait espérer « un bon résultat, la maladie a suivi son cours, mais l'issue « nous a paru moins promptement fatale. » Satisfait de ses

---

(1) Bidault et Arnoult. — Ouv. cit. p. 487

premiers essais, il nous conseilla de recourir aux propriétés héroïques de ce médicament, dont l'avantage est, en général, de produire des effets thérapeutiques immédiats. Nous suivîmes ses avis. Le redoublement fébrile du soir, commun à tant d'affections, paraissait prendre, chez plusieurs de nos malades, une intensité et un caractère de régularité assez prononcés pour constituer une véritable rémittence, et rappeler les affections intermittentes endémiques de ce pays. Partant de ce point de vue, nous avons compris aussi, à notre tour, que le sulfate de quinine pourrait bien faire justice de ce redoublement fébrile : en effet, des améliorations sensibles, quoique momentanées, ont été constatées ; quelques cas de guérison ont été obtenus.

Le sulfate de quinine avait été administré, comme moyen prophylactique par M. Leudet de Rouen, plus tard par M. Cazeaux et M. Ch. Dubreuilh de Bordeaux ; mais jamais il n'avait été employé comme curatif avant les essais du Dr Leconte d'Eu, dont les résultats ont été insérés dans l'Union médicale en 1851. Nous n'avons connu le travail de cet observateur laborieux que vers le mois de décembre 1854, alors que l'épidémie touchait, pour ainsi dire, à sa dernière période. Sans cela, adoptant complétement sa manière de voir, dès le principe nous aurions suivi ses préceptes dans l'application d'un agent qui, « possédant peut-être, comme dit le Dr Dubreuilh, une puis- « sance supérieure à celle du génie épidémique, peut la neutra- « liser en donnant à l'économie une résistance vitale supérieure « à elle. Voilà comment je comprendrais l'action du sulfate de « quinine et la raison de son emploi. » Le Dr Leconte, ayant remarqué que l'élément pernicieux joue un grand rôle dans les affections puerpérales, a voulu essayer, dans quelques circonstances, le sulfate de quinine. Les premiers résultats dépassèrent ses espérances, et, dès lors, il n'hésita plus à faire prendre, dès le début, ce médicament énergique.

La majeure partie de nos malades se trouvant dans de mauvaises conditions hygiéniques, nous avions à lutter contre une faiblesse de constitution, un défaut de résistance vitale qui li-

vrait, en quelque sorte, les pauvres mères aux progrès des-
tructeurs d'une affection maligne, typhoïde. Aussi, indépendamment de ses propriétés antipériodiques indiquées plus haut,
nous avons donné le remède, vers la fin, à titre de tonique et
d'antiseptique.

Quand nous parvenions à vaincre le principe pernicieux, il
était possible alors d'agir plus sûrement contre les autres phénomènes pathologiques locaux compliquant très souvent la
terrible affection qui nous occupe. Les essais primitifs du Dʳ Lemaire, les nôtres, plus tard, ayant corroboré les résultats du
Dʳ Leconte d'Eu, nous allons rapporter sommairement quelques observations.

Et d'abord, afin de faire pressentir tout l'intérêt que ces
exemples pourront présenter, nous répéterons que les guérisons des cas graves ont été au nombre de neuf sur quarante
et un, et que ce chiffre de neuf comprend *six succès* par le
sulfate de quinine à haute dose, (en layement ou en pilules)
c'est-à-dire *les deux tiers*, proportion énorme et bien encou-
rageante.

Obs. 11. —*Fièvre puerpérale typhoïde.* —*Sulfate de quinine.*
—*Emollients.* —*Guérison.* — (*Service du Dr Lemaire*).

La nommée Delville, 36 ans, accouche le 20 août 1854 pour
la 5ᵉ fois, après une demi-heure de travail. Les trois premiers
jours se passent assez bien. D'une constitution chétive, délabrée surtout par une affection chronique du larynx et des bron-
ches, elle est dans un état d'émaciation prononcée. Privations
de toute nature pendant sa grossesse ; insuffisance d'alimentation, misère affreuse ; sa couchette composée de paille brisée
par la vétusté répand une odeur infecte. Elle a eu, à plusieurs
reprises, de la diarrhée. Dans la nuit du 24 au 25, elle éprouve
un frisson violent qui dure près de trois heures.

Le 25 à 10 h . : douleur dans la région lombaire
droite, sensibilité vive à la pression ; peau brûlante, soif ardente, langue sèche, face grippée, regard hébété, yeux ternes,
cernés ; pouls petit, fréquent, 110 pulsations. Diminution des

lochies depuis la veille au soir ; seins mous ; plusieurs selles liquides et infectes pendant la nuit. La malade répond assez net-
tement aux questions faites, mais avec lenteur.

Prescription.Un quart de lavement avec 20 *décigrammes de
sulfate de quinine*; fomentations opiacées, injections vaginales.

5 *h. du soir*. Même état ; cessation des lochies ; deux selles
pendant la journée ; nausées fréquentes.

26 *au matin*. Moins de sensibilité du ventre, même fréquence du pouls ; pas d'évacuations depuis la veille ; céphalalgie
atroce ; délire par intervalles ; quelques vomissements bilieux ;
même stupeur.

Prescription *de la veille* :

Le soir, insensibilité plus prononcée du ventre, léger météorisme ; délire depuis 10 h. du matin jusqu'à 2 h, du soir ; soif
ardente ; pouls plus plein, moins fréquent, 100 pulsations ;
face légèrement animée.

27. La nuit a été marquée par des intervalles de calme et
d'agitation, il y a eu trois selles liquides. Je trouve la femme
Delville endormie ; la céphalalgie et le délire ont cessé ; diminution de la stupeur ; pouls plein, 80 pulsations ; respiration
libre ; plus de douleurs abdominales ; quelques traînées de lochies ; langue humide. Cette amélioration a duré toute la
journée.

Prescription : Injections vaginales et fomentations émollientes.

Le mieux est progressif ; l'alimentation est augmentée.

30. La convalescence paraît assurée. Sauf sa maladie des voies
aériennes, il ne reste aucune trace de l'affection puerpérale.

Obs. 12. — *Fièvre puerpérale typhoïde.* — *Accidents cérébraux.* — *Sulfate de quinine.* — *Sangsues.* — *Guérison.*
— (Service du Dr Lemaire.)

La femme Bart, âgée de 35 ans, constitution délabrée, misère complète, accouche le 1ᵉʳ septembre 1854, de son neuvième enfant après un travail d'une heure. —Grossesse pénible,
vomissements et diarrhée. Le 4, vers cinq heures du soir,

frisson violent, général, pendant une heure et demie, puis réaction peu marquée ; céphalalgie intense.

5 septembre, 9 heures *du matin.* —Nuit très agitée, rêvasserie ; cinq selles liquides ; douleur abdominale du côté droit, face anxieuse. Le corps est couvert d'une sueur visqueuse, poisseuse ; peu de chaleur à la peau. Suppression des lochies ; seins flasques ; la langue est plate, couverte d'un enduit blanc sale ; soif vive ; stupeur prononcée ; céphalalgie intense ; pouls petit, fréquent, 90 à 100 pulsations ; soubresauts légers des tendons.

Prescription : Un quart de lavement avec 20 *décigrammes de sulfate de quinine;* seize sangsues aux tempes, fomentations opiacées sur l'abdomen ; injections émollientes, vaginales.

8 heures *du soir.* —Moins de céphalalgie. La femme Bart répond avec plus de netteté. Frissons erratiques pendant la journée. Depuis le matin, six selles brunâtres, infectes. Pouls plus développé, mais fréquent, 100 pulsations. Persistance des soubresauts ; soif vive ; même état de la langue. Le côté droit de l'abdomen toujours douloureux.

6 *au matin.* —La nuit a été moins mauvaise, quoiqu'il y ait eu des intervalles de délire. Deux selles. Moins de stupeur; yeux plus expressifs ; abdomen plus souple, douleur moins prononcée, mais même fréquence du pouls, quoique plus résistant. Léger suintement des lochies. *Mêmes prescriptions que la veille.*

8 heures *du soir.* — Moins d'agitation ; le délire a cessé, absence de céphalalgie ; plus de stupeur. Pas de selles; soif ardente ; une demi-heure de sommeil; 80 pulsations. — Lavement huileux, injections vaginales.

Dès ce moment, la convalescence a marché franchement. La sécrétion du lait est restée tarie.

OBS. 13°. — *Fièvre puerpérale.* — *Forme typhoïde peu caractérisée.* — *Emollients.* — *Huile camphrée.* — *Sulfate de quinine.* — *Guérison.*

Catherine Verlande ; 40 ans ; accouchée le 8 mars 1855. —

constitution lymphatique, affaiblie surtout par douze accouchements et fausses couches. Bonnes conditions hygiéniques.
Alimentation suffisante, mais mal entendue. Pendant la dernière grossesse, malaise continuel, sans pouvoir préciser le
siége de ses douleurs. Cette circonstance et l'influence épidémique la préoccupent ; elle redoute le moment de sa délivrance.

Le 8 mars 1855, de 5 heures à 9 heures du matin, petites douleurs. On nous fait appeler. A peine arrivé, le travail
fait des progrès sensibles. A 10 heures, rupture de la poche ;
à 10 heures et demie, expulsion d'un enfant fort, bien constitué.

Les 9, 10, 11. — Beaucoup de soins, aussi rien de particulier. La fièvre de lait paraît ; les lochies coulent normalement.

Le 12, Mme V. se lève, marche dans sa chambre, s'occupe
du ménage ; elle se fatigue. Malgré nos instances, elle ne veut
pas retourner au lit. Vers 8 heures du soir, apparition d'un
frisson qui dure jusqu'à onze heures. Boissons chaudes, frictions,
épaisses couvertures ne peuvent la réchauffer. A minuit, sueur
générale.

13, 8 *heures du matin.* — Fièvre continue ; soif ardente ;
légère sensibilité du ventre. Cataplasmes émollients ; tilleul ;
diète.

Midi. — Seins mous, peu de lait ; ventre sensible à la pression, mais nullement ballonné. Fièvre, 120 pulsations ; soif
incessante ; moiteur de la peau ; malaise général ; inquiétude
grande ; démoralisation progressive ; diarrhée abondante.

Riz gommé. Onctions avec l'huile camphrée, puis cataplasmes laudanisés.

9 *heures du soir.* —Redoublement fébrile. Un quart de
lavement avec 15 *décigrammes de sulfate de quinine.* Onctions
camphrées.

14. 7 *heures du matin.* — La fièvre n'a pas été aussi intense
pendant la nuit. Moins de prostration. Pouls à 103. Même
sensibilité du ventre. Les seins gonflent. Lochies peu abon-

dantes. Cataplasmes émollients. Huile camphrée. Lavements émollients. — Riz gommé.

8 *heures du soir*. — Journée calme, bien que la fièvre n'ait pas cessé. Deux heures de sommeil. Nouveau quart de lavement avec 15 *décigrammes de sulfate de quinine*.

15, 7 *heures du soir*. Nuit passable, un peu d'agitation; diarrhée. Une heure et demie après le lavement, la veille au soir, une selle liquide. Enfin la fièvre paraît diminuer, la sensibilité aussi est moindre. Langue rougeâtre, sèche. L'utérus n'est ni volumineux, ni résistant. 3 décigrammes de sulfate de quinine en 3 pilules. Cataplasmes; onctions; boissons *ut supra*.

8 *heures du soir*. — Les accidents continuent à décroître. Peu de fièvre. Ensemble assez bon. Quatre heures de sommeil.

16, 7 *heures du matin*.— La fièvre n'a paru qu'à 11 heures du soir le 15, suivie de sueurs, d'agitation, mais moins forte que les jours précédents. 3 *pilules de sulfate de quinine*. Moins de sensibilité abdominale. Plus de diarrhée; moins de soif. Bouillons. Les seins gonflent peu à peu, et pourtant la sécrétion est minime. Toujours traces de lochies.

Depuis le 17, jour de la disparition complète de la fièvre, la convalescence s'établit progressivement. Mme V. demande à manger, et se lève pendant quelques instants.

Aujourd'hui, 27 mars, tout va bien; mais très lentement. La malade ne peut rester levée que deux heures. Les selles sont régularisées; la sécrétion laiteuse, sans être abondante, est facile; enfin, tous les accidents puerpéraux ont disparu. De grands soins, une bonne hygiène, feront le reste.

Nous avons eu à lutter ici contre une fièvre puerpérale bien caractérisée. Comme l'élément phlegmasique n'a pas dominé, nous nous sommes décidé à administrer, sans tarder, le *sulfate de quinine* à haute dose. D'abord, il a été prescrit en lavement, parce que l'estomac, les voies digestives étaient malades. Plus tard, quand ces accidents ont cessé, il a été donné en pilules. Mme V. a pris 41 *décigrammes de sulfate de quinine* du 13 au soir au 16 au matin.

Obs. 14°. *Péritonite partielle puerpérale.— Forme typhoïde incomplète. — Sangsues. — Sulfate de quinine. — Guérison.* (Service du D' Lemaire).

Marie Verbeecke, 32 ans, constitution délicate, mais bonne. Intérieur propre, quoique son mari et elle vivent comme journaliers. Accouchée le 10 mars 1855, au matin, de son cinquième enfant. Travail prompt.

Dans la nuit du 12, frisson de deux heures ; douleur vive à l'hypocondre gauche ; suppression immédiate des lochies. A 7 heures du matin, je la vois, elle présente les symptômes suivants : anxiété, fréquence du pouls, 150 pulsations au moins ; douleurs à l'hypocondre gauche augmentées ; face terreuse ; nausées fréquentes ; aucune apparence de lochies ; la sécrétion du lait se fait encore un peu.

Prescription : 15 sangsues *loco dolenti* ; 15 *décigr. de sulf. de quinine* dans un quart de lavement.

13. — La malade a gardé son lavement. Tous les symptômes de la veille ont cessé. Le pouls est relevé, la douleur abdominale a disparu. L'expression du facies devient naturelle ; en un mot, une transformation subite et totale a eu lieu. Les lochies ont reparu. La nuit a été excellente, sommeil tranquille.

14. — Le mieux continue. La convalescence se dessine franchement.

Obs. 15°. *Péritonite puerpérale partielle.—Forme typhoïde. Sangsues. — Sulfate de quinine. — Guérison. —* (Service du D' Lemaire).

Marie Dewette, 36 ans, d'une forte constitution, dans de bonnes conditions hygiéniques, quoiqu'habitant une cave. Accouchée le 11 mars 1855, après un travail très court, de son septième enfant.

Le 13, 48 heures après sa délivrance, frisson violent suivi de réaction médiocre ; douleur abdominale gauche ; suppression des lochies ; anxiété très grande durant toute la journée.

Le 14 *au matin*, — face terreuse, inquiète, pouls fréquent, dépressible ; langue sèche, soif ardente, douleur très vive au côté gauche de l'abdomen. Impossibilité de supporter les couvertures. Plus de traces de lochies. Suppression du lait.

Prescription : 15 sangsues *loco dolenti*. Un quart de lavement contenant 16 *décigr. de sulf. de quinine.* Le lavement a été gardé.

15. — Mieux surprenant ! Le pouls a repris de l'ampleur ; la langue est humide ; la douleur abdominale a cessé ; les lochies ont reparu ; la nuit a été bonne.

16. — Amélioration plus sensible. Tous les caractères de l'affection puerpérale ont disparu. A partir de ce moment, la convalescence a été progressive.

Obs. 16e. *Fièvre puerpérale.—Forme typhoïde.—Emollients. Sulfate de quinine.—Guérison.—*(Service du Dr LEMAIRE.)

Camille Derycke, 37 ans, femme d'un préposé de douanes. Bonnes conditions hygiéniques. Accouchée le 19 mars 1855, à neuf heures du soir, après quelques douleurs seulement, de son neuvième enfant.

Le 22. — Frisson violent vers cinq heures du soir. Les lochies sont arrêtées ainsi que le lait qui coulait abondamment. Douleurs abdominales vagues ; abattement général. Camille D. est frappée de sa position, se croit atteinte mortellement. Le facies est anxieux ; le pouls fréquent, misérable. Une sueur visqueuse couvre tout le corps.

Prescription : 15 *décigr. de sulf. de quinine* dans un quart de lavement. Emollients sur le ventre, injections vaginales.

23. — A ma visite du matin, le mari vient au devant de moi m'annonçant d'un air radieux que sa femme est sauvée ! effectivement, la transformation favorable est plus caractérisée que chez les deux malades précédentes.

Le lavement de la veille au soir n'a pas été rendu. Sommeil de 4 heures du matin à 6 heures. Dès ce moment, tous les symptômes graves ont disparu peu à peu, et la convalescence a marché promptement.

Obs. 17ᵉ. *Péritonite puerpérale.— Forme typhoïde.—Sangsues.—Sulfate de quinine.—Vésicatoire.—Frictions mercurielles.—Mort.—*(Service du Dʳ Lemaire.)

La nommée Dormail, 36 ans, accouche, le 14 sept. 1854, de
son septième enfant. Constitution assez bonne, mais appauvrie par les privations. Elle habite une chambre basse, étroite,
humide, mal aérée, trop peu spacieuse pour sa nombreuse famille. Les deux jours qui ont suivi sa délivrance se sont passés
sans accident, les lochies ont coulé abondamment, la montée
du lait s'est faite régulièrement, l'enfant prenait le sein ; tout
marchait bien lorsque, pendant la nuit du 7 au 8, elle est
prise brusquement d'un frisson qui se prolonge jusqu'au matin.

7 heures du matin. — Céphalalgie, douleur vive à l'hypocondre droit ; cessation presque complète des lochies : diminution du lait ; diarrhée ; sueur générale ; pouls petit, fréquent,
120 pulsations. Vivement impressionnée de son état, préoccupée de ses enfants, poursuivie par l'idée fixe qu'elle ne pourra
se guérir, elle est dans une agitation pénible.

Prescription : 20 sangsues sur l'abdomen, catap. ; 20 *décigr.
de sulfate de quinine* dans un quart de lavement ; injections
vaginales.

Le soir, même état.

Le 9.— Mieux sensible. Les lochies ont coulé, cette circonstance la rassure. Le pouls conserve sa fréquence ; la soif est
vive ; diarrhée.

Onctions merc.—*Un gr. de sulfate de quinine* en lavement.

5 heures du soir. — Mêmes symptômes.

10.— Mieux prononcé. — Ventre complètement indolent ;
les lochies sont plus abondantes ; les seins plus gonflés ; un
peu de sommeil ; soif moins vive ; le pouls toujours fréquent,
petit ; pas de selles.

11. — Quatre heures de sommeil dans la nuit. Le pouls conserve une fréquence nullement en rapport avec l'état général,
constipation. De nouveau un peu de douleur dans l'hypocondre droit,

Lavements, onctions mercurielles, injections vaginales.

5 *heures du soir*. — Etat moins satisfaisant. — De nombreuses visites dans la journée, malgré ma défense, ont beaucoup fatigué. Le pouls petit est d'une grande fréquence ; à plusieurs reprises des frissons ; douleurs abdominales ; le facies dénote un état d'anxiété bien marqué.

Vésicatoire *loco dolenti*.

12. — Agitation toute la nuit, absence de sommeil ; vomissements répétés ; diarrhée ; météorisme ; facies altéré; stupeur ; cessation des lochies ; respiration haute, gênée ; langue sèche ; dents fuligineuses.

Prescription : Onctions mercurielles. — Julép avec sirop diacode.

5 *heures du soir*. — Aggravation pendant la journée ; météorisme prononcé ; vomissements répétés qui ne sont plus que des régurgitations ; dyspnée ; diarrhée.

Large vésicatoire sur l'abdomen.

13. — Nuit assez calme ; la douleur du ventre a cessé ; pouls misérable ; météorisme énorme ; vomituritions fréquentes ; impossibilité de faire aucun mouvement.

Toute la journée du 14 se passe de même.

15. — Les symptômes vont en s'aggravant. Mort à 2 heures du matin.

OBS. 18e. — *Métro-péritonite puerpérale.* — *Forme typhoïde.*— *Sangsues.* — *Sulfate de quinine.* — *Vésicatoire.* —*Mort.* (Service du Dr Lemaire).

La nommée Baeteman, âgée de 30 ans, accouche, pour la 5me fois, dans la nuit du 7 au 8 septembre 1854, après un travail très court. Misère grande.

Le 9, *vers midi*, frisson général qui dure jusqu'au soir. A 10 heures, fièvre intense, face grippée, anxieuse; soif vive. Douleur aiguë de tout l'abdomen ; sueurs visqueuses.

Prescription : 40 sangsues sur l'abdomen. Cataplasmes laudanisés.

Le 10 *au matin*, état suivant : (les sangsues de la veille

coulent encore) douleur vive à la région hypogastrique ; pouls petit, filiforme, 120 pulsations.

L'habitude extérieure présente un caractère typhoïde très marqué. Les lochies et le lait sont supprimés.

15 *décigr. de sulfate de quinine* en lavement. Injections vaginales, fomentations émollientes.

·A 2 *heures*, pendant que je l'interroge, elle est prise d'un frisson suivi de chaleur et de sueurs. Le *sulfate de quinine* prescrit le matin n'a pas été administré. Elle en commence immédiatement l'emploi. Inject. vagin., lavements.

11 *au.matin.*— Pendant la nuit un peu de repos. Beaucoup moins de sensibilité au ventre ; pouls très petit, fréquent, 110 pulsations. Continuation du *sulfate de quinine.*

4 *heures du soir.* — Nouveau frisson, renouvellement des douleurs ; dans la matinée quelques traces de lochies.

12.— Les lochies continuent à suinter, il y a eu un peu de sommeil ; douleur abdominale moins prononcée ; pouls d'une petitesse remarquable, météorisme ; dyspnée.

Prescription : large vésicatoire *loco dolenti.* Pot. calm.

13. — La nuit a été asez bonne. Nouveau frisson la veille au soir. Vomissements fréquents ; augmentation du météorisme ; commencement d'agonie.

La mort a eu lieu pendant la nuit du 13 au 14.

Beaucoup d'autres remèdes, tels que les opiacés, les révulsifs cutanés, sinapismes, vésicatoires, la décoction de quinquina comme tonique, etc., n'ont été employés que pour vaincre certains symptômes particuliers, conséquence des complications. Nous n'en parlerons pas ici, leur appréciation ne présenterait aucun intérêt direct.

NATURE ET DÉTERMINATION NOSOLOGIQUE.

Les difficultés que la pratique civile rencontre dans l'investigation des altérations organiques qui se manifestent durant une épidémie de fièvre puerpérale ne nous ont pas permis de nous former, *à priori*, par nous-mêmes, des idées arrêtées sur une détermination nosologique exacte.

Un coup d'œil rétrospectif sur l'étiologie, les symptômes, les altérations cadavériques et les résultats du traitement, nous aidera peut-être à exprimer une opinion probable sur cette question délicate.

1° Qu'a fourni pour l'élucidation de la nature de la fièvre puerpérale l'étiologie? Le froid et le chaud, la pluie, le soleil, n'y font directement rien ; nous sommes arrivé à ce résultat après l'examen de la constitution atmosphérique. Notre statistique générale présente, comme on a pu le voir, deux maxima qui ont correspondu aux grandes chaleurs de l'année, aux froids de l'hiver, et aussi aux variations brusques, réitérées de température. Certes, disions-nous alors, ces variations n'ont pas eu d'influence directe, mais leur action a pu être prédisposante quand elles se faisaient sentir immédiatement après l'accouchement, et que les femmes y étaient plus exposées.

Dans les épidémies antérieures qui ont régné à Paris, on a vu la fièvre puerpérale sévir en hiver, en été ; plus fréquemment toutefois pendant certaines variations barométriques ; ainsi, lors d'un abaissement considérable de la pression atmosphérique ; toutefois ces diverses remarques ne reposent que sur un nombre insuffisant de faits. Si cette influence des brusques variations météorologiques était exacte, pourquoi ne produirait-elle pas toujours à peu près les mêmes effets?

Nous en dirons autant de la constitution médicale, car enfin, bien que quelques-unes des maladies régnantes habituelles aient présenté, en 1854-1855, une intensité anormale, que l'adynamie ait été leur cachet principal, nous n'avons pu établir avec ces manifestations morbides autre chose qu'une coïncidence, une connexion accidentelle.

Nous avons fait valoir, au contraire, l'alimentation insuffisante, son influence sur la constitution individuelle, et l'état moral des femmes. Comme éléments prédisposants nous avons reconnu à ces circonstances une grande puissance, et ce n'est pas sans raison. Indiquées d'abord par Sydenham et de tout temps par les médecins qui ont observé les affections puerpérales, ces causes diathésiques, pouvaient seules, jusqu'à un certain point, expliquer la nature de cette maladie. En effet, à aucune époque la crise alimentaire ne s'était fait sentir entourée de tant de conditions défavorables, débilitantes , dépressives, et jamais auparavant à Dunkerque les affections puerpérales n'avaient été aussi fréquentes, aussi mortelles.

L'état moral a certes été en raison directe de la constitution des nouvelles accouchées. Plus la constitution avait été affaiblie par la cause précédente , par exemple , moins les malades pouvaient offrir de résistance vitale aux émotions de l'âme, celles principalement suscitées par la crainte de la mort.

2° Si la symptomatologie, en général, n'a pas été uniforme , puisque nous avons considéré comme variétés diverses la prédominance relative et la succession de tels ou tels phénomènes ayant donné lieu à un diagnostic particulier, nous avons cependant observé un ensemble de symptômes adynamiques constant dans tous les cas graves.

La forme inflammatoire a été la moins sérieuse, la plus simple, la plus générale ; elle n'a fait aucune victime.

La forme grave, au contraire, s'est toujours manifestée par un ensemble régulier de phénomènes, tels que : face pâle, profondément altérée; respiration anxieuse ; yeux abattus ; narines sèches, poudreuses ; pouls le plus souvent mou, dépressible, devenant de plus en plus petit, irrégulier, quelquefois imperceptible ; frissons plus ou moins prolongés ; peau recouverte d'une sueur visqueuse ; la langue humide au commencement, se desséchant bientôt et se couvrant d'un enduit fuligineux ; évacuations fétides, etc., etc.

Tout à l'heure nous avons reconnu dans l'étiologie de cette maladie, dans ses prédispositions, l'affaiblissement, l'appauvrissement du sang, la cachexie, la dépression morale des affections virulentes ou infectieuses : la teinte de la peau, le trouble de toutes les fonctions sans lésions correspondantes, l'anéantissement profond des forces, etc., ne rappellent-ils pas ces maladies générales qui ont pour caractère spécial l'adynamie?

3° Quant aux altérations cadavériques, ce que nous avons découvert indique déjà qu'il ne serait pas plus possible de loca-

liser notre fièvre puerpérale que celles qui ont désolé tant de
fois les salles d'accouchements à Paris et à l'étranger. Oui, un
fait semble dominer la pathologie puerpérale, surtout lorsqu'a-
git l'influence épidémique, c'est la tendance à la suppuration,
la fréquence et la rapidité du développement de cet acte phy-
siologique.

4° Sous le rapport du traitement, les émissions sanguines
générales ou locales n'ont pas toujours fait merveille. Dans
quelques cas elles ont produit des résultats favorables, et la majeure partie des statistiques confirme l'impuissance de ce moyen.

Les préparations mercurielles, les purgatifs ont paru avantageux dans certaines circonstances, mais nous laissent néanmoins dans le doute sur leur véritable efficacité.

Reste le sulfate de quinine. Prescrit d'abord pour combattre
des rémittences évidentes chez un assez grand nombre de nos
malades, nous l'avons employé plus tard, pour vaincre l'élément pernicieux, à titre de tonique et d'antiseptique.

En résumé : Etiologie, symptômes, lésions, résultats de traitement ne permettent pas d'admettre l'hypothèse de *l'inflammation* appliquée à notre maladie ; ils fournissent, au contraire, les indices non équivoques d'une spécialité pathologique.
Aussi, appliquerons-nous sans restriction à l'épidémie de 1854-
1855 cette interprétation des auteurs du *Compendium de médecine pratique* (1) « que la fièvre puerpérale est due à une altéra-
« tion générale primitive, produite elle-même par une intoxi-
« cation miasmatique, par une infection spécifique dont l'agent
« échappe complétement à notre investigation. La fièvre puer-
« pérale doit manifestement être placée dans la classe des py-
« rexies à côté des typhus, et nous sommes très porté à croire
« que dans sa forme la plus pure (fièvre puerpérale typhoïde)
« le typhus puerpéral est accompagné d'une diminution de la
« fibrine du sang ; mais il ne doit pas en être de même, ou
« du moins au début, dans la forme inflammatoire. . . . .

––––––

(1) *Compendium*, ouv. cité p. 240.

CONCLUSIONS.

1° La fièvre puerpérale, avec toutes ses variétés, observée en 1854-1855 à Dunkerque (Nord) a présenté beaucoup d'analogies avec celle qui envahit épidémiquement de temps à autre les hôpitaux de Paris, depuis la fin du siècle dernier.

2° Elle a offert ce caractère particulier qu'elle s'est propagée, *en ville*, et a frappé principalement la classe la plus malheureuse de la population. Elle n'a occasionné que de rares décès dans la classe aisée.

3° Elle a régné concurremment avec la fièvre typhoïde à laquelle elle a emprunté quelques caractères extérieurs.

4° Elle a pris un développement vraiment épidémique, et durant la période où elle a sévi, les fièvres typhoïdes ne se sont montrées ni plus ni moins nombreuses que les années précédentes.

5° Presque partout où elle s'est déclarée, les médecins du pays ont constaté l'existence de circonstances débilitantes ; parmi elles surtout une alimentation insuffisante, et de mauvaises conditions hygiéniques qui, en général, favorisent la production des maladies typhiques proprement dites. Cependant, indépendamment de ces influences, celle d'un agent, que nous ne pouvons définir, est incontestable.

6° Contrairement à ce qu'indiquent toutes les statistiques, les primipares ont été atteintes exceptionnellement.

7° Les deux autopsies ont prouvé que les lésions cadavériques ont été en rapport avec les symptômes observés pendant la vie, et elles expliquent la marche et l'enchaînement des phénomènes constatés chez toutes les autres malades qui, après la mort, n'ont pu être soumises à nos investigations.

8° La lésion principale reconnue a été la formation rapide et étendue du pus dans l'abdomen et dans le système vasculaire de cette région.

9° La constitution médicale de 1854-1855 ne justifie nullement d'une manière satisfaisante l'apparition, le règne de cette épidémie.

10° Notre fièvre puerpérale vient sanctionner, quant à la thérapeutique, le jugement des médecins qui l'ont vue et suivie ailleurs : elle est grave dans tous les cas, fatale surtout chez les natures faibles, débilitées ; un traitement spécial, infaillible, un traitement, qui en arrêterait sûrement le développement, est encore à trouver.

TABLE DES MATIÈRES.

www.ingramcontent.com/pod-product-compliance
Lightning Source LLC
Chambersburg PA
CBHW050553210326
41521CB00008B/943